游戏设计专业“十二五”规划教材

游戏开发程序设计基础

韩红雷 编

中国传媒大学出版社
·北京·

前　言

本书主要介绍C语言程序开发的方法，内容涉及C语言的基本语法、数据类型、程序流程控制、指针以及常用的数据结构等。

本书的特点是将游戏开发作为C语言的具体应用案例，书中的代码示例大多采用游戏代码。每章的实践环节会给出主要利用本章内容开发的完整游戏工程。本书采用这种项目主导的方式，贯彻了理论联系实践的教学理念，更加有利于提高读者的学习兴趣，做到有的放矢，最终提高C语言的学习效果。

书中除了介绍C语言本身的知识，以及使用C语言进行编程，特别是游戏编程的方法之外，还特别强调了要使用科学的规划、规范的方式进行程序设计。这样可以让读者从开始就养成良好的编程习惯，有利于编写出简洁、高效、便于维护的代码。

书中的练习部分给出的游戏工程采用了针对Windows平台的Win32架构，利用了消息循环机制，游戏控制也坚持使用消息驱动、模块划分和刷新重绘等游戏工程常用的架构设计。相信通过本书的学习，读者不仅能够掌握C语言的使用方法，还可以了解游戏开发的基本原理，为将来学习使用其他游戏开发方式打下坚实基础。

本书应用面广，可作为大中专院校游戏设计专业低年级学生的教材，也可作为其他相关专业学生的自学参考书。

虽然本书经作者几易其稿，并再三校对，但鉴于作者水平有限，书中难免出现不足之处，望广大读者不吝指正，作者电子邮箱：hanhonglei@sina.com。

韩红雷

2015年5月20日

目 录

第 1 章　程序设计概述

要点提示

本章主要介绍 C 语言的基本内容及其与游戏开发的关系，要点包括：

1.计算机程序的概念；

2.计算机程序和编程语言的关系；

3.电子游戏的概念；

4.C 语言概况；

5.算法及其表示方法；

6.如何使用 Win32 框架，利用 C 语言进行游戏开发。

1.1　计算机程序

计算机程序（Computer program），也称为软件（Software），是指一组能被计算机或其他具有信息处理能力的装置识别和执行的指令，通常用某种程序设计语言编写（如 C 语言），运行于某种目标体系结构上。实际上，计算机的所有操作都是由计算机程序来控制的，离开程序，计算机几乎无法做任何事情。

可以将计算机程序的执行过程打一个形象的比喻：计算机是一个能够严格执行命令的士兵，计算机程序就是对这个士兵发布的合法指令集合。士兵接到指令以后，会严格按照指令的顺序执行。当然，指令还可以附带执行条件。比如下面的这组指令可以控制士兵上午的活动：

喊集合口号；

如果晴天，户外训练；

否则，在室内进行业务学习。

计算机程序指令必须是机器语言，这样计算机才能够识别。然而机器语言晦涩难懂，所以程序在编写过程中通常采用更加易懂的高级计算机程序设计语言，然后用编译器或者解释器翻译成机器语言。这就好比士兵只需掌握必要的意义明确的军事用语，便不至于混淆，能够准确无误地执行任务。而命令发布者为了方便，则采用口述的方式。这就需要在士兵和发布者之间设立一个传令官，传令官的任务是将口语化的命令准确转述为规范的军事用语。只有这样，指令的传达才能达到命令发布者预期的结果。

命令发布者就是程序开发人员，发布的命令使用程序语言来编写，而传令官类似于编译器，负责将程序语言编译为机器可读的形式。

在一台最常见的冯诺依曼体系结构的计算机上（图 1-1），程序从某种外部设备（通常是硬盘）加载到计算机内存中，指令依据前后顺序串行依次执行，直到一条跳转或转移指令被执行，或者一个中断出现。

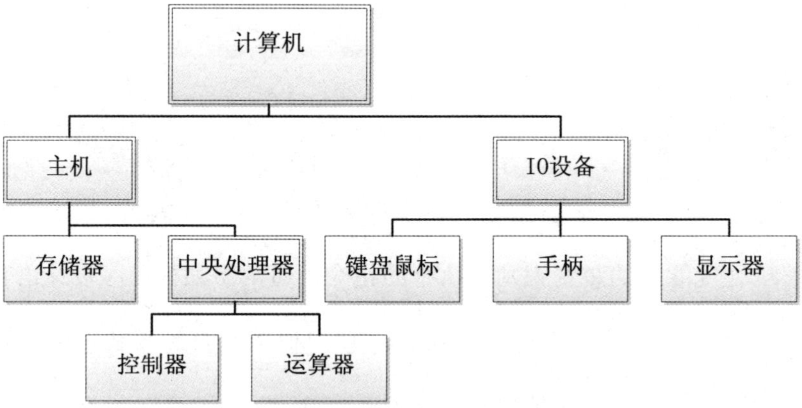

图 1-1 冯诺依曼结构

1.2 计算机游戏

计算机游戏，亦称电子游戏，是计算机程序的一种表现形式。计算机游戏和其他计算机程序最显著的不同是它运用大量多媒体手段，体现出更强的交互性。游戏程序通过文字、图形、动画和音频等多媒体手段给用户营造出较强的沉浸感，同时不断接收用户的输入（比如键盘、鼠标、手柄、陀螺仪及姿态识别等），据此对游戏内容进行控制，引发游戏内容更新，继而将更新结果通过多媒体反馈给用户，这样就完成一次交互循环。这种循环不断发生，推动游戏程序进行。

比如一个简单的猜数字游戏就包含了这些特点，其游戏执行过程如下：

S1:播放游戏启动音乐，显示开始画面；

S2:等待用户按下 Enter 键；

S3:播放背景音乐；

S4:随机生成一个数字，等待用户输入；

S5:如果用户按下 Esc 键，则播放游戏结束音乐，退出游戏。否则进入下一步；

S6:如果用户输入的数字比目标数字大，则提示用户输入小一些的数字；

S7:否则，如果用户输入的数字比目标数字小，则提示用户输入大一些的数字；

S8:否则，播放欢庆画面，提示用户得分，进入步骤 4。

从上面对游戏过程的描述可以看出，这个游戏程序会应用图片、音频等多媒体资源，并且需要通过用户不断输入来推动程序运行。

1.3　C 语言特点及历史

C 语言是一种通用的、过程式的编程语言，广泛应用于系统与软件的开发。它具有高效、灵活、功能丰富、表达力强和易于移植等特点，在程序员中备受青睐，至今仍然是应用最为广泛的编程语言之一。C 语言提供了许多面向底层处理的功能，并具有较好的跨平台特性，以一个标准规格写出的 C 语言程序可在许多类型的计算机平台上进行编译并执行，甚至包含一些嵌入式处理器（比如单片机）。

计算机程序设计语言经历了机器语言、汇编语言到高级语言的阶段，其中高级语言又分为面向过程的语言和面向对象的语言。C 语言属于面向过程的高级语言。相对于更加接近机器语言的汇编语言来说，C 语言编写程序的过程更接近于人们平时的语言使用习惯，因此被称为高级语言。但近些年，出现了一些更加高级的编程语言，它们比 C 语言更接近人们平时的语言使用习惯，比如 Ruby、Lua 和 Swift 等。这些语言语法和结构通常比较简单，规则较为宽松，所以易于学习和使用。而相比于这些更高级的语言来说，C 语言由于具有语法严格、需要进行内存管理等特点，显得学习困难，使用难度较大，反而更像是低级语言了。

C 语言是由 UNIX 的开发者丹尼斯·里奇（Dennis Ritchie）于 1970 年在肯·汤普逊（Ken Thompson）所发明的 B 语言基础上发展和完善起来的。1973 年，UNIX 操作系统的核心正式用 C 语言改写，这是 C 语言第一次应用在操作系统的核心编写上。目前，C 语言编译器普遍存在于各种不同的操作系统中，例如 UNIX、MS-DOS、Microsoft Windows 和 Linux 等。出现于 C 语言之后的其他编程语言的设计几乎都受其影响，例如 C++、Objective-C、Java 和 C#等。

1989 年，为了消除各种不同版本的 C 语言在用法上的差异，美国国家标准学会为 C 语言制定了一套完整的国际标准语法，作为 C 语言的标准，称为 ANSI C（ANSI X3.159-1989），也称为“C89”。

1978 年，丹尼斯·里奇和布莱恩·柯林汉（Brian Kernighan）合作出版了《C 程序设计语言》的第一版，书中介绍的 C 语言标准也被 C 语言程序员称作“K&R C”。在 1988 年发行的该书第二版中包含了一些 ANSI C 的标准。

在 ANSI C 标准确立后的第二年，该标准（有一些小改动）被美国国家标准学会采纳为 ISO/IEC 9899:1990，这个版本也称为“C90”。因此，C89 和 C90 通常指同一个 C 语言标准。C 语言标准在之后的一段时间内没有太大的变动。直到 2000 年，ANSI 采纳 ISO/IEC 9899:1999 标准，这个标准称为“C99”，它在之前版本的基础上进行了一些更新：

（1）增加了对编译器的限制，比如源程序每行要求支持至少 4095 字节，变量名、函数名要求支持至少 63 字节（extern 要求支持至少 31 字节）。

（2）支持“//”开头的单行注释。

（3）增加了新关键字 restrict, inline, _Complex, _Imaginary, _Bool。

（4）支持 long long, long double _Complex, float _Complex 等类型。

（5）变量声明不必放在语句块的开头，for 语句提倡写成 for(int i=0;i<100;++i) 的形式，即 i 只在 for 语句块内部有效。

（6）取消了函数返回类型默认为 int 的规定。

2011 年末，国际标准化组织正式发布了 C 语言的现行标准“C11”，官方名称为

ISO/IEC 9899:2011。新的标准提高了对 C++的兼容性，并增加了一些新的特性。

1.4　使用 C 语言进行程序开发

正如前面所介绍的，计算机类似于一名士兵，程序员是发号施令的军官。然而，程序员所发布的命令很多时候是口头指令，对于一名严格执行命令的刻板士兵来说不好理解。这样，就需要一名传令官，将程序员发布的指令记录为标准的军队命令，既不改变军官的意图，也能够让士兵一目了然，准确执行。程序员发布的命令就是 C 语言编写的代码，士兵接收到的命令就是机器码，而传令官的翻译过程就是编译。

编译器（Compiler）其实是一种计算机程序，它的功能是将用某种编程语言写成的源代码（原始语言）转换成另一种编程语言（目标语言）。它的主要目的是进行语言翻译，将使用高级计算机语言编写的源代码程序，翻译为计算机能解读、运行的机器语言程序，也就是可执行文件。编译器的主要工作流程如下：源代码 (source code) → 预处理器 (preprocessor) → 编译器 (compiler) → 汇编程序 (assembler) → 目标代码 (object code) → 链接器 (linker) → 可执行文件 (executables)。有关编译过程的内容，将会在本书第 12 章进行详细讨论。

集成开发环境（Integrated Development Environment，IDE），是为了便于程序员进行项目开发、管理而开发的软件。对于 C 语言来说，IDE 主要包括四个部分：代码编辑器、编译连接器、调试器和工具库。目前，C 语言编写的程序一般都可以通过支持 C++的 IDE 来编译。在 Windows 平台下，微软的 Visual Studio 系列中的 Visual C++是常用的 C 语言 IDE，本书使用 Visual Studio 2010 中的 Visual C++集成开发环境①（后续将其分别简称为 VS 和 VC）来进行程序编辑和编译、链接和调试等操作。但程序开发的本质和所使用的工具并无直接关系，读者也可以采用其他 IDE 来编写。

接下来，我们介绍如何使用 VC 集成开发环境，利用 C 语言进行“Hello World”程序的开发。

由于 VC 提供了很多便于编程的基础功能，因此，使用该集成开发环境可以很方便地

---

① http://www.microsoft.com/visualstudio/zh-cn.

建立起具备一定功能的程序。如图 1-2 所示，首先启动 VS 2010。

图 1-2 启动 VS 2010

接下来，选择“File”菜单，并采用如图 1-3 所示的步骤，新建一个 C/C++的 Win32 控制台应用程序（Win32 Console Application）。这种类型的工程可以建立针对 Windows 操作系统的 C 语言程序，但并不会自动提供额外的菜单、消息循环等功能。

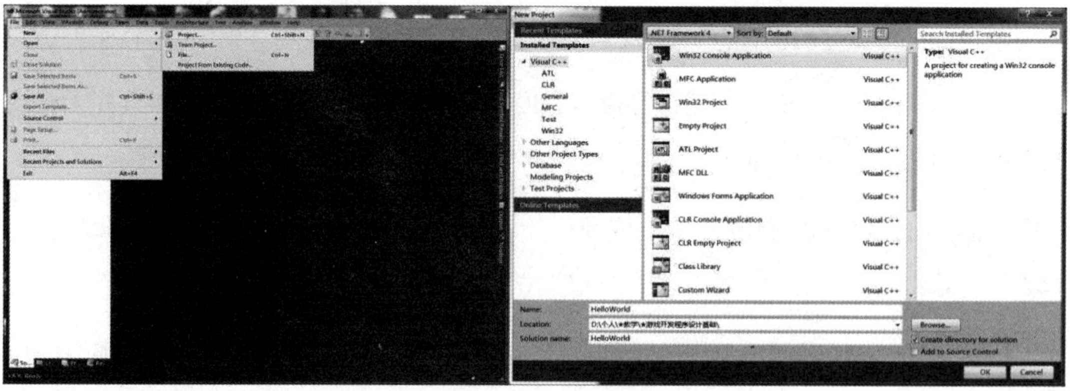

图 1-3 新建 Win32 控制台应用程序

选择工程保存路径并命名，按下“OK”按钮，会出现如图 1-4 所示的选项卡。接下来如果点击“Finish”按钮，会出现一个具备必要源文件的工程；如果选中“Empty project”选项，则会新建一个空的工程，需要自己为其添加必要的源代码文件。

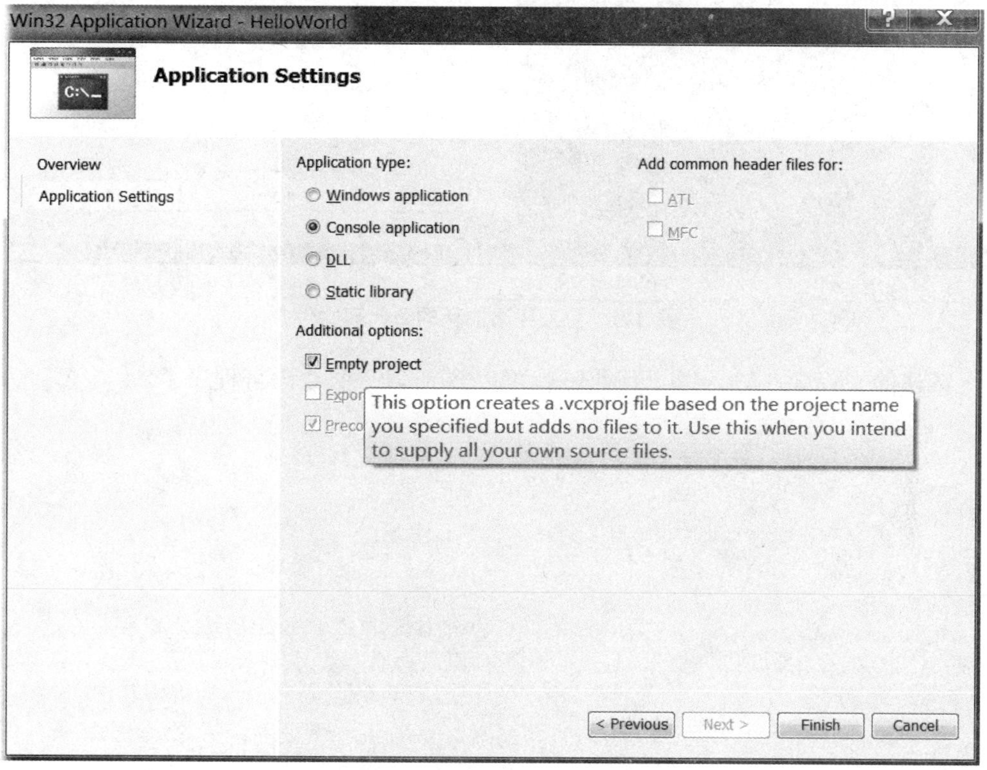

图 1-4　选择新建工程具体设置

当新建了一个空的 Win32 控制台应用程序以后，可以为其手动添加源代码文件，从而构造一个完整的可编译为可执行文件的 VS 工程。如图 1-5 所示，通过在工程视图中 “源代码”文件夹上点击右键的方式，调出添加新元素菜单，然后在新建元素类别弹出窗口中选择 C++文件，为其命名后即可得到一个可用于输入 C 和 C++代码的文件，并且它已经成为工程的一部分了。这里，我们新建一个名为“HelloWorld.cpp”的程序文件作为该工程的唯一源代码文件。值得注意的是，VC 所创建的程序文件后缀名为 cpp 和 h，这分别代表 C++源文件和头文件，由于 VC 可以同时提供对 C、C++编程语言的支持，因此可以直接在 C++源代码文件中用 C 语言进行编程。

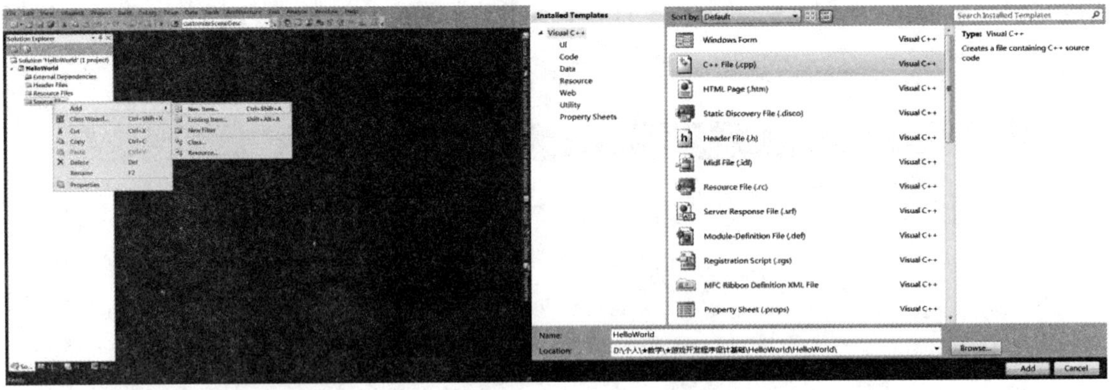

图 1-5　为工程添加新的源代码文件

在新建的文件中，输入以下代码，就可以得到第一个 C 语言程序了。

```
/*
第一个 C 语言程序
*/
#include <stdio.h>                  // 提供基本的文字输入输出流操作
int main()                          // 程序入口函数
{
    printf ("Hello World!\n");      // 向屏幕打印语句
    getchar();                      // 等待用户输入 Enter
    return 0;                       // 返回,程序结束
}
```

这一段程序包含了很多 C 语言编程的特点，每行代码的说明如下：

```
/*
第一个 C 语言程序
*/
```

程序开头的这几行代码是注释，使用“/*”和“*/”配对将注释内容括起来，注释内容并没有实际功能，不会参与代码执行，只用于程序员之间的沟通、记录等。

```
#include <stdio.h>                  // 提供基本的文字输入、输出流操作
```

这是头文件包含代码，后续代码中的 printf 函数和 getchar 函数是第三方函数，由他人编写完成，由我们来使用。而 stdio.h 头文件中包含了对这两个函数的声明，这行代码相当于将这些函数介绍进当前的程序文件中。后面跟着的是使用“//”开头的单行注释，其作用和前面介绍的多行注释一样。

```
int main()                    // 程序入口函数
```

这行代码表示函数头，函数是 C 语言中的功能单元，可以在代码中编写一个或者一系列功能作为一个函数。当需要用到某个功能的时候，可以直接调用这个函数。这行代码中 int 表示这个函数的返回值，main 表示函数名。这个函数比较特殊，它是 C 语言的入口函数，当程序启动之后，首先从这个函数开始执行。后面的括号里面可以包含参数，也可以没有参数（像当前的 main 函数），但括号不能省略。代码中的两个大括号包含的部分即为函数体。在进入函数后，程序将依次执行每行代码。

```
    printf ("Hello World!\n"); // 向屏幕打印语句
```

这是一个函数调用指令，调用了 printf 函数，这个函数在 stdio.h 头文件中有声明。这个函数的功能是向标准输出设备打印给定的字符串，而"Hello World!\n"表示待打印的字符串，引号中包含的是字符串的内容。这行代码最后的分号表示语句结束，不能省略。

```
    getchar();                // 等待用户输入 Enter
```

这仍然是一个函数调用指令，功能是接收用户输入，用户输入的字符放在键盘缓存区，直到用户按回车才从缓存区读取。调用这个函数的目的是为了让前面的输出停留在屏幕上，直到用户按下回车键后，程序才继续执行。

```
    return 0;                 // 返回,程序结束
```

这是返回语句，其中，return 是关键字。将值 0 作为 main 函数的值是因为 main 函数要求有 int 型的返回值，所以函数必须将整型数使用 return 返回。

输入完成之后，先按下“Ctrl”加“S”按键，保存当前文件。然后按下快捷键“F5”，或者工具栏中的类似“播放”的按钮，对当前的程序进行调试运行。VC 会对当前工程中的文件进行编译链接等操作，生成可执行程序文件，最后运行这个程序文件。在调试运行阶

段，VC 支持很多便于调试的功能，比如断点、输出调试信息等（请参考本书第 12 章）。优秀的程序员应该不光能够高效地编写出解决特定问题的程序，也应该掌握这些调试工具的调试技巧。

1.5 算法

很多时候，程序除用于指挥计算机完成工作之外，还是程序员之间进行沟通的工具。因为很多工程都需要多个程序员来配合完成，自己写的程序很可能要被别的程序员使用。当两个程序员沟通某个功能是否能被正确实现时，直接查看代码并不是一个好办法。因为代码更加面向机器，里面很多实现细节并不容易让人理解。在这种情况下，使用另外一种更加形象且面向人而非机器的程序描述方式就显得十分必要。

一种让计算机程序变得让人更加可读的方法是添加注释，注释是为了对程序进行说明而添加的面向人而非计算机的文字。注释内容不会参与代码的编译，所以在编写程序的时候可以在适当的地方添加必要的解释文字，而无须担心影响程序的效率。在上面所举的“Hello World”程序例子中能够看出，可以将注释的文字放入符号“/*”和“*/”之间，也可以放在“//”之后。“/*”和“*/”之间的注释内容可以包含多行，以“//”开头的注释形式是在 C99 标准中提出的，注释内容以“//”开头，直到本行结束。

另外一种让人更好理解程序内容的方式是进行形象的程序描述。对程序执行过程的描述称为算法；而程序执行过程当中操作的数据类型及数据的组织形式，称为数据结构。有些学者认为数据结构和算法配合即为程序。关于算法和数据结构都有专门的课程进行讨论，我们不详细展开。在此，只介绍两种比较常用的算法表示方法——伪代码和程序流程图，它们可以帮助程序员在设计程序时，更好地表示算法思路。

比如下面这道程序设计题：

对一个大于或等于 3 的正整数，判断它是不是一个素数。

利用 C 语言可以将这道题的解法撰写如下：

```
int n = 0;
scanf("%d", &n);
if (n < 3)
    printf("Should be larger than 3\n");
else
{
    int i = 2;
    while (i < n)
    {
        if (n % i == 0)
        {
            printf("%d is not prim\n", n);
            break;
        }
        i++;
    }
    if (i == n)
        printf("%d is prim\n", n);
}
```

然而，上面的程序表达方式对于其他程序员来说，可读性并不好，程序撰写者的解题思路无法有效传达给其他程序员。同时，也会影响程序撰写者对该段程序代码的后续维护，因为他自己也可能忘记当初的解题思路。在这种情况下，添加必要的注释有助于提高程序的可读性。

而更加直接的办法是将算法表示成伪代码的形式。伪代码使用介于自然语言和计算机语言之间的文字和符号来描述算法。使用伪代码的目的是使被描述的算法更加易于被人理解，过滤掉具体编程语言的细节，让它可以很容易地用任何一种编程语言来实现。使用伪代码，不用拘泥于具体形式，只要将整个算法运行过程用接近自然语言的形式描述清楚即可。比如上面判断素数的程序流程可以使用下面的伪代码表示：

S1:要求用户输入待判断变量 n 的值

S2:如果输入的 n 小于 3，提示用户输入正确的值，转到 S8

S3:设定一个临时变量 i = 2

S4:如果 n 被 i 除余数=0，则打印 n“不是素数”，转到 S8

S5:i+1→i

S6:如果 i<n，则转到 S4

S7:打印 n“是素数”

S8:算法结束

从上面这个简单示例能够看出，利用更加接近人们表达方式的伪代码可以较好地表达出算法流程，从而帮助程序员更好地掌握解题思路，有助于后续的编码、程序维护，以及程序员之间的沟通。

除了伪代码之外，算法还可以用流程图来表示。流程图基本元素如图 1-6 所示，它们分别表示程序开始/结束、流程、判定、数据输入/输出。

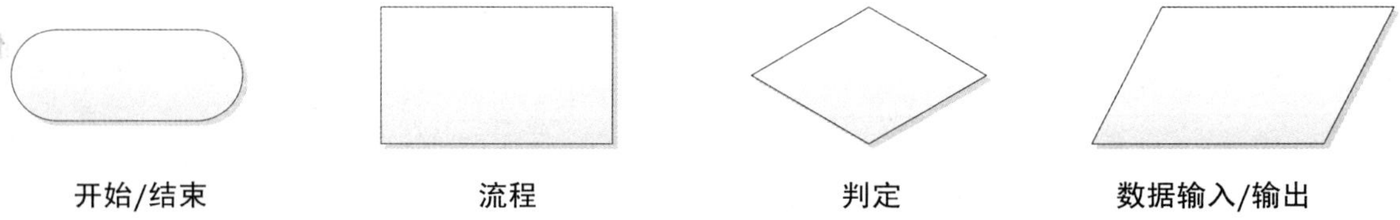

图 1-6　程序流程图基本元素

对于 C 语言这种结构化编程语言来说，任何算法都可以表示为顺序、选择、循环这三种基本结构的组合。这三种基本结构可以使用上面的流程图基本元素来表示，如图 1-7 所示，其中的箭头表示程序流程方向。

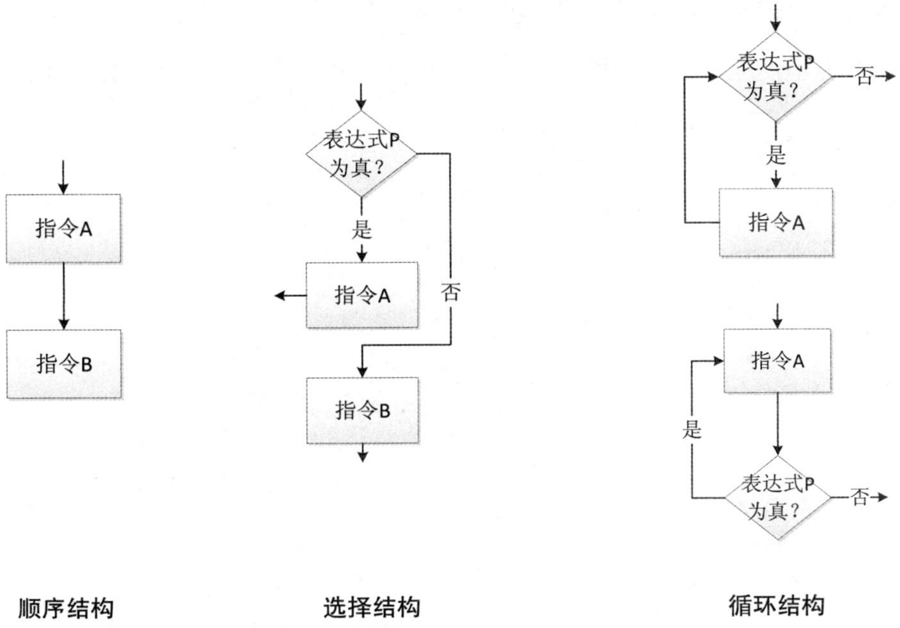

图 1-7　使用流程图表示三种基本程序结构

这种用流程图方法表示程序流程的形式，比伪代码更加直观、形象，易于理解。然而，在算法比较复杂的情况下，这种流程图表示方法容易出现流程复杂的情况。甚至由于算法流程过长，导致流程图无法绘制到同一页纸内。在这种情况下，就需要用图 1-8 所示的跳转图示来表示程序在不同位置的跳转关系。其中圆形图示表示页内跳转，多边形图示表示页间跳转。

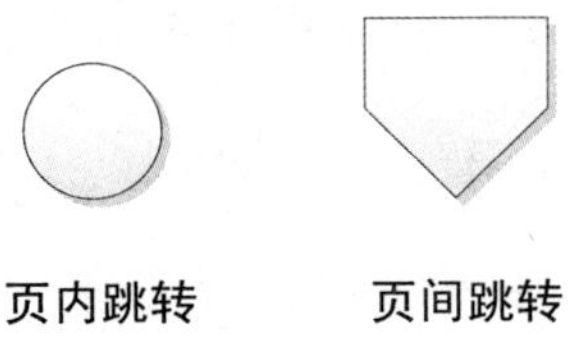

图 1-8　两种流程图跳转图示

上面判断一个整数是否为素数的算法可以用图 1-9 所示的流程图来表示，图中使用了三种基本结构，为了使流程图书写格式更为整洁，图中也用了页内跳转。绘制程序流程图有很多软件工具可以使用，比如微软的 Visio 软件①。

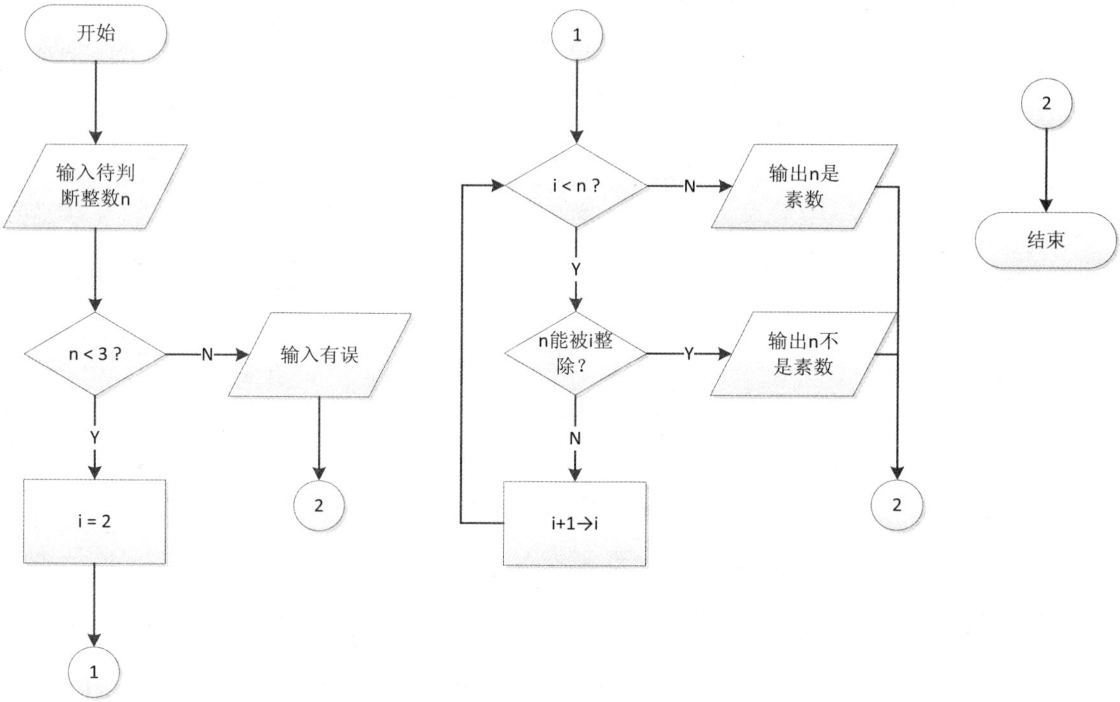

图 1-9 使用流程图来表示输入数字是否为素数的算法

1.6 第一个“游戏”程序

通过前面的几个程序示例，我们了解了如何使用 C 语言进行简单的程序开发。接下来，我们引入 Win32 程序框架，并配合 GDI 图形编程来实现游戏程序。首先启动 VS 2010，按照图 1-10 所示步骤，新建一个 Win32 工程（Win32 Project），并将其命名为“HelloWorldGame”。和前面“Hello World”工程不同的是，此处建立的工程不是 Win32 Console Application，而是 Win32 Project。

① https://products.office.com/zh-cn/visio.

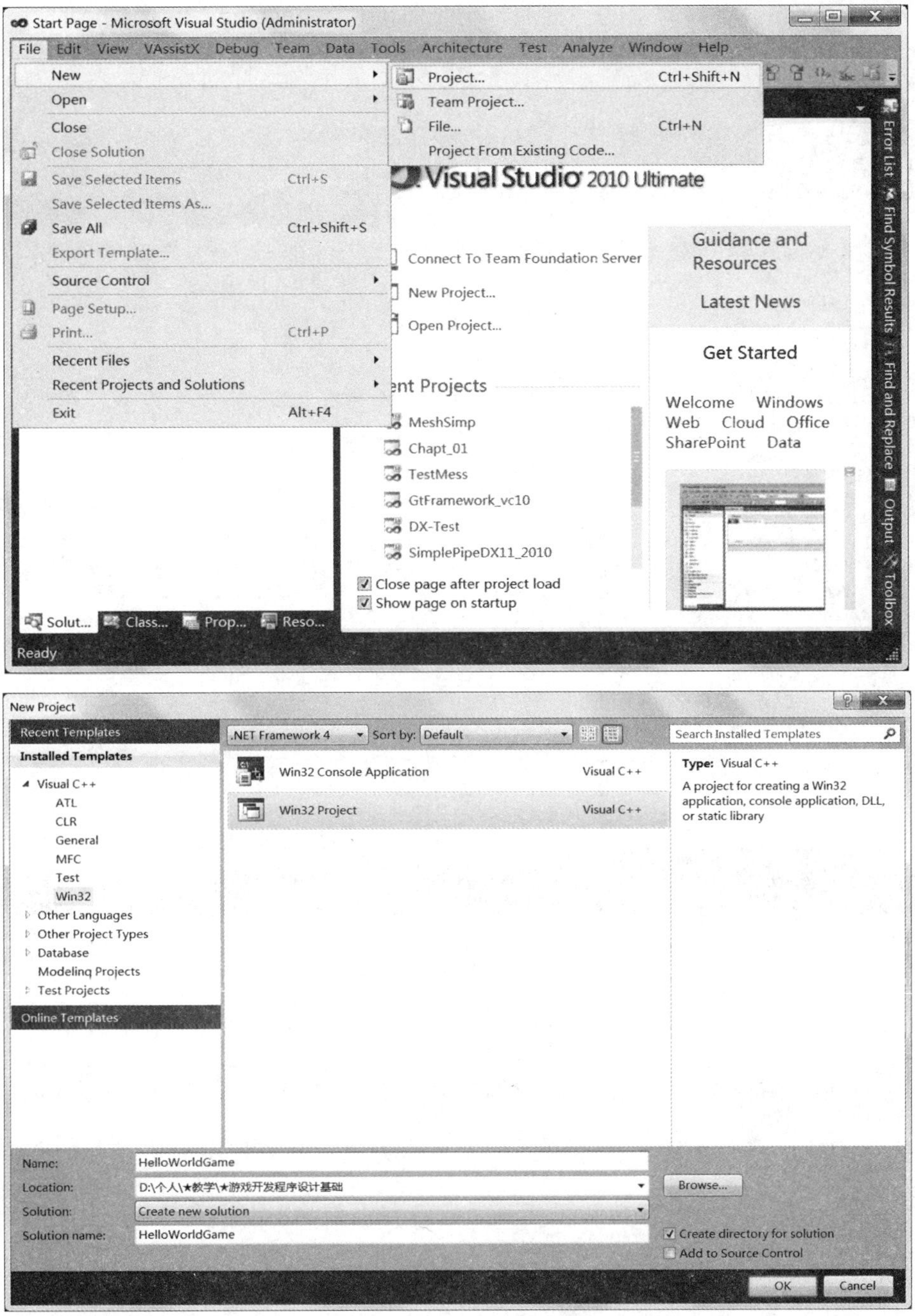

图 1-10　新建 Win32 工程

工程创建完毕之后，在“Solution Explorer”视窗下，可以看到 VC 已经为我们创建了一系列运行 Win32 工程所需的基本资源（图 1-11）。我们可以在这些资源的基础上不断添加新功能，或修改已有功能来实现自己所需的功能，从而完成个性化程序的编写。得益于 VC 集成开发环境的帮助，在不编写一行代码的情况下，我们就可以得到一个具备相当多功能的工程。直接点击 VC 界面上的“播放标记”（Start Debugging，或者按下 F5 键），就可以看到 VC 已经建立好了一个视窗，其中还包括了“菜单”这样的界面元素。

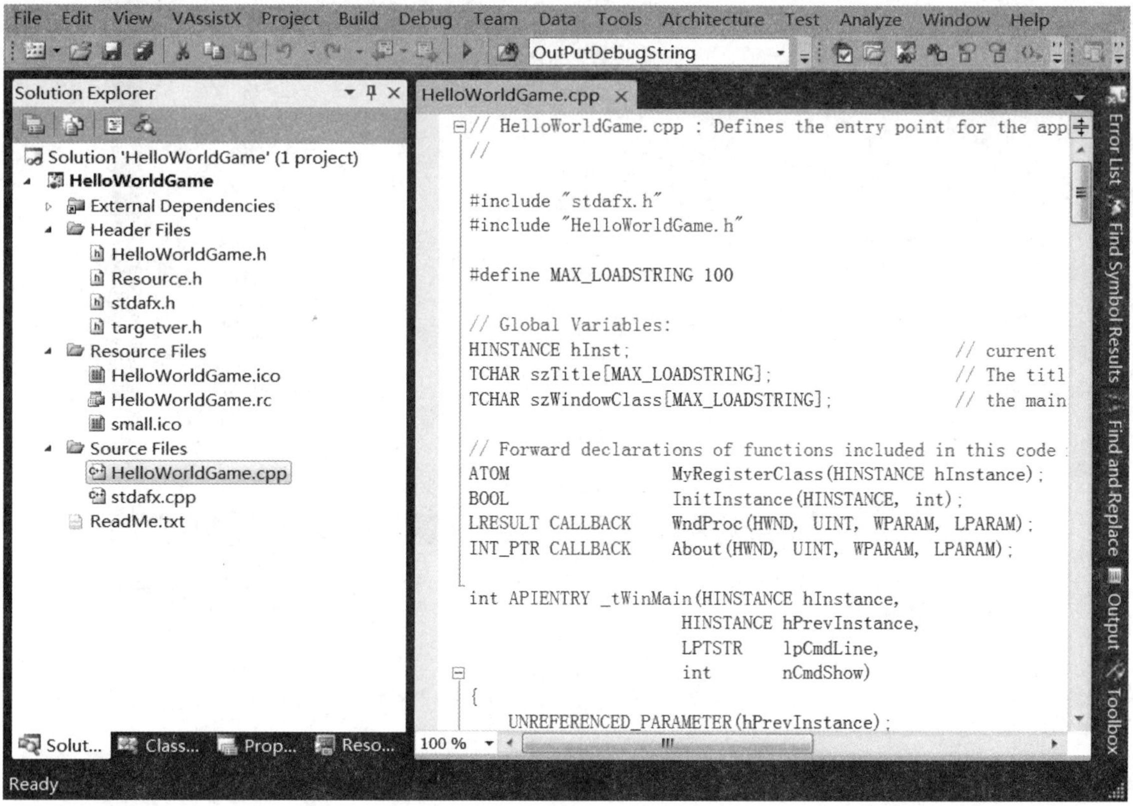

图 1-11 选择主程序文件

接下来回到 VC 界面，在工程视图中点击 HelloWorldGame.cpp 源代码文件打开它，这是工程的主文件（图 1-11）。在前面介绍的控制台工程中，main 函数是程序入口，而在这个工程中，_tWinMain 函数是程序入口。到目前为止，本工程中的所有代码和资源都是 VC 自动建立的。其中，每个函数和重要变量的解释也是 VC 用注释的方式自动给出的。

在这个源文件中，找到“WndProc”函数，从这个函数的注释可以看出，它的功能是处理主窗口的所有消息，关于 Win32 工程消息机制的详细讨论，建议读者参考其他针对 Windows 编程的文献。在此，我们只需要明白，在 Win32 框架中，很多功能有赖于消息触发，并通过对应的消息处理来完成。比如用户按下一个按键触发了一个按键消息，按键消息响应代码就可以个性化地处理这个消息。

在 WndProc 函数中，找到这行代码“case WM_PAINT:”。它表示如果当前消息是绘制消息的话，则在此进行处理。接下来的第二行，是 VC 自动生成的一行注释“// TODO: Add any drawing code here...”，这表示所有关于绘制的代码都应该放在这个地方，在这个地方输入以下这行代码：

```
TextOut(hdc, 0, 0, L"Hello World!", 12);
```

这是一个函数调用，不过和前面的函数调用不同的是，这个函数的参数更加复杂，一共有 5 个参数，参数之间用逗号分隔。这个函数的作用是按照参数给定的要求将字符串打印到指定设备上。其中第一个参数 hdc 表示待输出的设备；接下来的两个数表示输出字符串在设备中的输出位置；"Hello World!"表示待打印到设备中的字符串，前面加“L”表示将 ANSI 字符串转换成 unicode 的字符串，就是每个字符占用两个字节，这样可以支持中文字符；最后一个参数表示输出字符串中的字符数。

按下 F5 调试运行程序的结果如图 1-12 所示，这个程序可以在普通的 Windows 窗口中输出字符串。然而，除了将输出结果放置于视窗环境之外，这个程序似乎和前面的“Hello World”程序并无本质区别。为了让程序看起来更像一个游戏，接下来我们在其中加入一些其他功能。

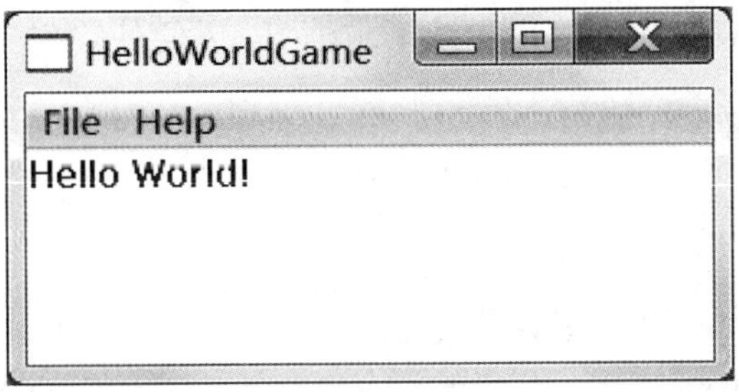

图 1-12　输出结果

为了让窗口显得更加生动，我们为输出的文字添加颜色。回到源代码中，在_tWinMain 函数之前，添加以下代码：

```
COLORREF color = RGB(0, 255, 0);
```

这是一个利用三基色（红、绿、蓝）表示的颜色，上面这行语句定义了全局变量。然后在输出文字语句之前，添加以下代码，将文字颜色修改为绿色：

```
SetTextColor(hdc, color);
```

这时再次运行程序，会发现文字颜色由默认的黑色变为绿色。

接下来再次修改这个程序，使它具有一定的互动性。为了获取用户的输入，我们添加两个消息处理功能，分别处理用户点击鼠标左右键的情况。在绘制消息之前添加下列代码：

```
    case WM_LBUTTONDOWN:
        color = RGB(255, 0, 0);
        InvalidateRect(hWnd, NULL, TRUE);
        break;
    case WM_RBUTTONDOWN:
        color = RGB(0, 0, 255);
        InvalidateRect(hWnd, NULL, TRUE);
        break;
```

两个情况分别处理用户按下鼠标左右键的消息，将颜色变量设定为其他值。同时，利用 InvalidateRect 函数向窗口发出重绘请求消息，以便使输出文字的颜色尽快发生变化。运行以上代码，可以用鼠标左右键控制显示的文字颜色，使其在红色和蓝色之间切换。

1.7 小结

本章从计算机程序的概念讲起，首先，介绍了计算机程序的作用，以及它和编程语言的关系；其次，说明计算机程序是使电子游戏能够正常运转的基础，计算机游戏程序依据策划人员的意图，结合动画、音效等多媒体手段，将游戏内容呈现给玩家；再次，介绍了 C 语言的概况，并编写了一个虽然简单但十分完整的 C 语言程序；然后，介绍了算法的概念以及算法常用的表示方法；最后，我们使用 Win32 框架，利用 GDI 编程，探索了利用 C 语言进行游戏开发的可能性。

上机练习题[①]

请读者在“HelloWorldGame”游戏代码的基础上，进行如下上机练习：

1. 将文字修改为其他颜色；
2. 调整文字的显示位置；
3. 添加鼠标移动消息；
4. 将输出文字位置修改为鼠标位置，让字符串跟随鼠标移动。

① 本章给出的“HelloWorldGame”游戏代码，以及后续每章的游戏代码存于本书附赠的光盘中。

第 2 章　变量和基本类型

■ 要点提示

计算机程序就是描述并处理数据的过程，数据通常需要通过变量来加以保存并进行加工。C 语言是类型敏感的语言，比如同样是数值类型的数据，在 C 语言中要区分是整数型还是小数型。本章将介绍 C 语言中描述及处理基本数据类型的方法，要点包括：

1. C 语言中变量的表示方法；

2.变量和常量类型及存储方式；

3.格式化输入、输出；

4.将本章内容应用到打字母游戏。

2.1　变量定义

在 C 程序的运行过程中，值不能被改变的量称为常量，比如数值：1024、0.5，字符：'c'、'&'，字符串："Game" "University"，以及利用宏定义的一些符号：#define HEALTH 100 等。

与之相对应的，在程序运行期间，值可以被改变的量称为变量。变量是程序中数据存储的基本概念，它在存储器中占据一定的存储单元。我们可以将变量看作一个容器，相对于容器本身，它里面存储的内容更值得我们研究。变量这种容器是有类型差别的，特定类型的变量只能存储对应类型的值。变量要遵循“先定义，后使用”的原则，这点比较容易理解，因为必须首先保证有合适的容器，内容才有可能被存储下来。比如下面这两行代码：

```
int ammo;
ammo = 50;
```

第一行的含义是：构造一个整型变量，并分配特定的存储空间，为了便于记忆，为这个存储空间起个变量名 ammo。接下来一行代码表示首先找到名为 ammo 的存储空间，然后将其赋值为 50。

其实，在计算机硬件层，程序运行中的数据存储，需要依靠内存储器、存储单元、存储地址等一系列机制实现，这些机制在程序语言层的反映就是变量。变量都具有名字，即变量名。变量名可以代表这个变量中存储的值，或者这个变量所在的存储单元，这需要依据变量在表达式中所处的位置来确定。由于赋值操作的存在，在程序执行时，一个变量在各个时刻所保存的值可能不同。对变量的基本操作是“存取”：

(1) 存，或者叫变量赋值，是程序将特定的值存储到变量指定的存储空间。在对变量进行“存”操作时，变量名代表其所在的存储单元。需要注意的是，待存储的值和变量类型最好匹配，否则将进行强制类型转换，这可能造成存储误差甚至存储错误，有些编译器在这种情况下会给出警告。如果把上文中的变量 ammo 赋值为小数 50.5，则会出现整型变量和浮点型值之间不匹配的情况，程序将会对浮点型数进行截取，只保留整数位。

(2) 取，即找到变量的存储位置，将存储的值取出以便在计算过程中使用。在对变量进行“取”操作时，变量名代表其存储的值。

C 语言中可以使用 const 来修饰一个变量，表明这个变量值在程序运行期间不能被修改，该变量称为常变量。比如下面的变量定义语句：

```
const float damage = 3.5f;
```

和宏定义不同的是，常变量属于变量，只不过不能修改其数值，除此之外，它具有变量的其他特点，有对应类型的存储空间以及存储方式。而宏定义的常量属于常量类型，在程序编译阶段，编译器会将宏定义的符号替换为其对应的常量值。从这个角度来看，宏定义的符号只是为常量起了一个易于记忆的名字，并没有占据存储空间，也不会进行类型检测。比如圆周率 3.14159……这个浮点数常量很长，容易写错，所以一般采用宏定义的方式为其起一个别名来代表圆周率：

```
#define PI 3.14159f;
```

2.2 标识符

前面介绍的变量名和宏可以都是标识符（Identifier），后面章节中将学到的函数和其他实体名也属于标识符。标识符分为关键字、预定义标识符和用户标识符三种。标识符可以表示符号常量名、函数名、数组名和类型名等，这种机制类似现实生活中的姓名、街道名等。起名字的目的一是为了和其他同类事物相区别；二是为了帮助记忆。所以，在编写程序的时候，尽量起一些能表示特定意义的标识符，有助于程序的管理和维护。比如上面提到的变量 ammo 就比较好，从名字就可以推测出这个变量表示游戏中角色的弹药数量。而如果起名为“i”这样的标识符，就很难推测出它的意义。

C 语言规定标识符只能由字母、数字和下划线 3 种字符组成，且第一个字符必须为字母或下划线。标识符中大写字母和小写字母是不同的字符，所以对于下面两个标识符：GameLevel 和 gamelevel，系统认为是不同的名称。

合法的标识符： total、_ini、li_lei、LiLei2。

不合法的标识符：￥100、3D64、a＞b、a-2。

此外，C 语言中有一些标识符对编译器有特殊的含义，不能被用作其他目的。比如 int 对于 C 编译器代表整型，因此不能将一个变量命名为 int。这种 C 语言的保留标识符称为关键字，C 语言中的关键字及其说明如表 2-1 所示。

表 2-1 C 语言中的关键字

编号	关键字	意义
1	auto	声明自动变量
2	break	跳出当前循环
3	case	开关语句分支
4	char	声明字符型变量或函数返回值类型
5	const	声明只读变量
6	continue	结束当前循环，开始下一轮循环
7	default	开关语句中的“其他”分支
8	do	循环语句的循环体
9	double	声明双精度浮点型变量或函数返回值类型
10	else	条件语句否定分支（与 if 连用）

续表

编号	关键字	意义
11	enum	声明枚举类型
12	extern	声明变量或函数是在其他文件或本文件的其他位置定义
13	float	声明浮点型变量或函数返回值类型
14	for	一种循环语句
15	goto	无条件跳转语句
16	if	条件语句
17	int	声明整型变量或函数
18	long	声明长整型变量或函数返回值类型
19	register	声明寄存器变量
20	return	子程序返回语句（可以带参数，也可不带参数）
21	short	声明短整型变量或函数
22	signed	声明有符号类型变量或函数
23	sizeof	计算数据类型或变量长度（即所占字节数）
24	static	声明静态变量
25	struct	声明结构体类型
26	switch	用于开关语句
27	typedef	用以给数据类型取别名
28	unsigned	声明无符号类型变量或函数
29	union	声明共用体类型
30	void	声明函数无返回值或无参数；声明无类型指针
31	volatile	说明变量在程序执行中可被隐含地改变
32	while	循环语句的循环条件
	C99 新增关键字	
1	_Bool	布尔类型，用于表示真/假
2	_Complex	复数类型
3	_Imaginary	虚数类型
4	inline	内联函数
5	restrict	限定指针是访问变量的唯一且初始化对象

续表

编号	关键字	意义
	C11 新增关键字	
1	_Alignas	对齐处理
2	_Alignof	对齐处理
3	_Atomic	原子操作
4	_Generic	泛型
5	_Noreturn	函数标记
6	_Static_assert	静态断言
7	_Thread_local	多线程存储类型

2.3 变量与常量类型

C 语言中的变量、常量、函数和表达式是程序中的基本操作对象，它们隐式或显式地与一种数据类型相联系。

变量的说明包括两方面的内容：变量类型和变量的存储类型。变量类型如：int（整型）、char（字符型）是用来说明变量所占用的内存空间的大小，以及如何编码它们的二进制表示；变量的存储类型用来说明变量的作用范围，分为自动类、寄存器类、静态类和外部类。比如：

```
register int num = 30;
```

表示定义一个名为 num 的整型变量，采用寄存器方式存储，初始值设置为 30。

C 语言的类型分为：

1. 基本类型
    - 1.1 整型类型
        - 1.1.1 基本整型
        - 1.1.2 短整型
        - 1.1.3 长整型
        - 1.1.4 双长整型
    - 1.2 布尔型
    - 1.3 字符型

1.4　浮点类型

1.4.1　单精度浮点型

1.4.2　双精度浮点型

1.4.3　复数浮点型

2.　枚举类型

3.　空类型

4.　派生类型

4.1　指针类型

4.2　数组类型

4.3　结构体类型

4.4　共用体类型

4.5　函数类型

本章将重点讨论基本类型中的整型、布尔型、字符型和浮点型，其他类型将在后续章节中逐步讨论。

2.3.1　整型

整型，即整数类型，可以用十进制、八进制和十六进制来表示。其中八进制(Octal)以 0 开头，例如：0123、-0456；而十六进制 (Hexadecimal)以 0x 或 0X 开头，用 a～f 或 A～F 表示 10～15，例如：0x123、-0X45、0x3AB、-0xabc。

C 语言提供了多个整数类型以适应不同需要。不同整数类型的差异在于它们可能具有不同的二进制编码位数，因此表示范围可能不同。计算机在内存中存储数据的基本单位是字节（byte），每个字节占据 8 位，即有 8 个二进制位。C 语言支持的整型类型有：

- 基本整型(int)：占 2 个或 4 个字节，VC2010 中占 4 个字节
- 短整型(short int)：VC2010 中占 2 个字节
- 长整型(long int)：VC2010 中占 4 个字节
- 双长整型(long long int)：VC2010 中占 8 个字节

由于长整型是另一个不同类型，因此 C 语言为长整型规定了一种专门写法，其特殊之处是在表示数值的数字序列最后附一个字母 l 或 L 作后缀。如： 2048L、12345l。由于小写字母 l 容易与数字 1 混淆，建议读者使用大写的 L。相应的，双长整型可以添加后缀 ll 或 LL。

整型变量的值包括正数和负数。变量也可以被定义为“无符号”类型，即在整型变量定义前面添加“unsigned”关键字。如：

```
short int num = -5;
```

表示基本短整型数，而：

```
unsigned short int num = 5;
```

表示无符号短整型数。

数据在计算机中都以二进制的形式存储，整型数以补码的形式存储。正数的补码和原码相同，最高位是 0；而负数的补码是其绝对值的二进制取反，再加 1，最高位是 1。

我们以：

```
short int i = -50;
```

为例来说明整型数的存储形式。由于 i 为负数，故而首先计算其绝对值 50 的二进制表示：

0	0	0	0	0	0	0	0	0	0	1	1	0	0	1	0

对其按位取反后为：

1	1	1	1	1	1	1	1	1	1	0	0	1	1	0	1

再加 1 得：

1	1	1	1	1	1	1	1	1	1	0	0	1	1	1	0

以上即为-50 在计算机中的补码保存形式。

由于在计算机中数据以有限多个位数的二进制数来保存，所以每种类型的数都有保存范围，当待保存的数据超出这个范围的时候，将产生溢出。比如在程序中写下代码：

```
short int a = 32767;
short int b = a + 1;
```

从表面上看，变量 b 的值应该为 32768，而实际上其值为-32768。原因在于 32767 的补码表示为：

0	1	1	1	1	1	1	1	1	1	1	1	1	1	1	1

这个数加 1 之后变为：

1	0	0	0	0	0	0	0	1	0	0	0	0	0	0	0

而这是-32768 的补码形式。

程序在计算大数据的时候容易产生溢出现象，在编程实践中要多加注意。

2.3.2　布尔型

在 C99 中引入了专门的布尔型——_Bool，它用于表示布尔值，即逻辑真和逻辑假。也可以用其他数据类型表示布尔值，C 语言中把整数 0 看成逻辑假，把非 0 看作逻辑真。而_Bool 类型只有真和假两个状态，因此它只需要 1 位即可，比使用其他数据类型更加节省存储空间。

2.3.3　字符型

字符是按其代码形式存储的，而代码是整数，所以 C99 把字符型数据作为整数类型的一种。大多数系统都采用 ASCII 字符集来表示字符代码，这个字符集包括：

- 字母：A～Z，a～z
- 数字：0～9
- 专门符号：!　“　#　&　‘　(　)　*等
- 空格符：空格、水平制表符、换行等
- 不能显示的字符：空(null)字符(以 '\0' 表示)、警告(以 '\a' 表示)、退格(以 '\b' 表示)、回车(以 '\r' 表示)等

用类型符 char 定义字符变量，使用单引号表示字符。比如：

```
char c = 'G';
```

变量 c 是字符型，初始值为字符 G。系统会把 G 的 ASCII 码 71 赋给变量 c。

需要注意的是，由于 0 到 9 这十个数字也属于字符，所以整型数 1 和字符'1'是有区别的，整型数 1 以补码形式存储：

0	0	0	0	0	0	0	0	0	0	0	0	0	0	0	1

而字符'1'以其 ASCII 码 49 的补码形式存储，并且只占 1 个字节：

0	0	1	1	0	0	0	1

2.3.4　浮点型

浮点型数据用来表示具有小数点的实数。在 C 语言中，实数只采用十进制表示。它有两种形式：小数形式和指数形式。十进制小数形式由数字 0～9 和小数点组成，比如 0.4、25.0、-267.389 等均为合法的实数。如果小数部分为 0，则 0 可以省略，25.0 和 25. 等价。此外，标准 C 允许浮点数使用后缀，后缀 f、F 表示常量是一个单精度型浮点数；后缀 l、L 表示常量是一个长双精度型浮点数；无任何后缀的浮点型常量视作双精度型浮

点数。指数形式由十进制数加阶码标志“e”或“E”以及阶码组成。其一般形式为：a E n（a 为十进制数，n 为十进制整数），其值为 $a\times10^n$。如：3.1E5 (等于 3.1×10^5)、-1.7E-1 (等于-1.7×10^{-1})。C 语言中的浮点数类型如表 2-2 所示。

表 2-2 C 语言中的浮点数类型

类　　型	比特数（字节数）	有效数字	绝对值范围
float	32(4)	6~7	10^{-37}~10^{38}
double	64(8)	15~16	10^{-307}~10^{308}
long double	128(16)	18~19	10^{-4931}~10^{4932}

需要注意的是，在 VC 开发环境中，long double 等同于 double。

浮点数以二进制规范化指数形式保存，规范化指数形式类似于“科学计数法”，在阶码标志 e 或 E 之前的小数中，小数点前面有且仅有一个非 0 数字。浮点数用二进制规范化指数形式表示为：$(-1)^s(1.f)\times2^e$，其在内存中的存储形式如下：

最前面的黑色位存储符号 s，接下来的白色位存储指数部分 e（需要注意的是，由于指数也可以是负值，所以需要在原指数上加 127），而最后的灰色位存储小数部分 f。

比如浮点数 4.25f 转换成二进制的表达方式为 100.01，使用规范化指数形式为：$1.0001\text{x}2^2$，此时 s=0，e=2+127=129，f=0001。它的存储形式为：

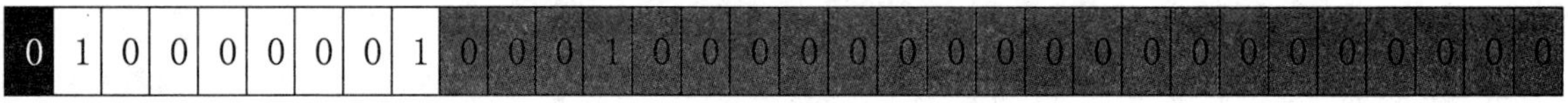

最后，我们总结一下，如何区分一个常量是哪种类型：

- 字符常量：由英文单引号括起来的单个字符或转义字符（转义字符将在本章 2.5 小节中介绍）
- 整型常量：不带小数点的数值，系统根据数值的大小确定是 int 型还是 long 型等
- 浮点型常量：凡是以小数形式或指数形式出现的实数

2.4 变量的存储类型

变量的存储类型有：自动类、寄存器类、静态类和外部类 4 种。

2.4.1　自动类

自动类（也称为局部变量），是指在函数内部声明的变量，用关键字 auto 声明。在 C 语言中，所有的非全局变量都被认为是局部变量，默认通过 auto 关键字来修饰，因此 auto 很少显式出现。局部变量在函数调用时自动分配空间，函数调用结束时自动收回存储空间。因此，自动类变量的生存期只存在于函数调用期内。

需要注意的是，在 C++11 标准（而非 C 语言标准）的语法中，auto 被定义为自动推断变量的类型，可以在声明变量时根据变量初始值的类型自动为此变量选择匹配的类型。而在早期的 C++标准中，auto 关键字也用于自动变量的声明，但由于它使用极少，因此在 C++11 标准中这一用法被删除了。例如：

```
auto x=5.2;        // 这里的x 被 auto 推断为 double 类型
```

使用 C++11 的 auto 关键字时有一个限定条件，那就是必须给声明的变量赋予一个初始值，否则编译器在编译阶段将会报错。

2.4.2　寄存器类

通知编译程序把该变量放在 CPU 寄存器中。因为数据在寄存器中操作比在内存中快，这样就提高了程序代码的执行速度。寄存器变量的声明是在变量名及类型之前加上关键字 register。由于寄存器变量存储在 CPU 寄存器而非内存中，因此取地址运算符&不能作用于寄存器变量上。

2.4.3　静态类

用关键字 static 声明，根据变量的类型可以分为静态局部变量和静态全局变量。

静态局部变量与前面介绍的局部变量的区别在于：在函数退出时，这个变量仍然存在，但不能被其他函数使用；当再次进入该函数时，仍然保留上次的结果。

静态全局变量是一种只在定义它的源文件中可见，而在其他源文件中不可见的变量。它与全局变量的区别是：全局变量可以再声明为外部变量(extern)，被其他源文件使用；而静态全局变量却不能再被声明为外部变量，只能被所在的源文件使用。

2.4.4　外部类

用关键字 extern 声明。为了使变量除了在定义它的源文件中可以使用外，还可以被其他文件使用，就要将全局变量通知给每一个程序模块文件，此时可用 extern

来声明。

在此，需要区分一下变量的声明和定义。变量的声明有两种情况：一种是需要建立存储空间的，例如：

```
int a;
```

这种情况在声明的时候就已经建立了存储空间；另一种是不需要建立存储空间的，例如：

```
extern int b;
```

其中变量 b 是在别的文件中定义的，此处仅是声明。

我们将前者称为“定义性声明（defining declaration）”或者“定义（definition）”，后者称为“引用性声明（referencing declaration）”。

下面结合具体代码来说明这几种存储类型的变量。我们按照第 1 章介绍的方式，在 VC 中新建一个空的 Win32 控制台应用程序，为其添加以下 3 个源代码文件：

```
1.cpp 文件
#include <stdio.h>
char GetGlobal();
char Next();
char Last();
char Get();
char c = 'G';            // 定义全局变量 c
int main()
{
    char c = 'L';        // 定义局部变量 c
// 在当前函数中使用的变量 c 是局部变量
    printf("Local c in main function is: %c\n", c);
    printf("Global c is: %c\n", GetGlobal());      // 获取全局变量
    // 获取文件 2 中的静态变量 c
    printf("Static c in file2 is: %c\n", Get());
    // 函数中的静态变量会保留
    printf("Previous values of static c in file2 are: %c, %c, and %c\n",
Last(), Last(), Last());
```

```
    printf("Next values of static c in file2 are: %c, %c, and %c\n", Next(),
Next(), Next());
    return 0;
}
2.cpp 文件
static char c = '5';    // 只在本文件中有效的变量 c
char Next()
{
    static char c2 = c;// 静态局部变量，函数调用完毕以后，变量不会被删除
    c2 = c2 + 1;
    return c2;
}
char Last()
{
    static char c2 = c;// 静态局部变量，函数调用完毕以后，变量不会被删除
    c2 = c2 - 1;
    return c2;
}
char Get()              // 返回只在当前文件有效的变量 c
{
    return c;
}
3.cpp 文件
extern char c;          // 声明全局变量 c，变量定义在文件 1 中
char GetGlobal()
{
    return c;           // 返回全局变量值
}
```

代码的相关说明已经在注释中给出。文件 1.cpp 的开头定义了一个全局变量 c，并且赋予了初值。而在 main 函数中，定义了同样名为 c 的自动变量，即局部变量。这样在

main 函数中出现的变量 c 只是个局部变量，不会和全局变量 c 出现冲突。

文件 2.cpp 开头定义了变量 c，并声明为静态变量，因此它的使用范围限定在当前文件中，不会和文件 1 中的全局变量 c 混淆。如果要在外部获取文件 2 中的变量 c，可以使用 Get 函数返回得到。在此文件中还定义了两个函数 Next 和 Last，这两个函数中分别定义了两个静态局部变量。由于在函数内定义的静态变量存储空间不会随着函数调用结束而消失，因此下次调用此函数时，静态局部变量值还保留在上次调用完毕时的状态。

在文件 3.cpp 开头声明的变量 c 是外部的，编译器会在全局空间寻找其他文件中定义的这个变量 c。因此这个文件中的 GetGlobal 函数返回的变量 c 的值其实是在文件 1 中定义的全局变量 c。

该程序运行的结果如下：

```
Local c in main function is: L
Global c is: G
Static c in file2 is: 5
Previous values of static c in file2 are: 2, 3, and 4
Next values of static c in file2 are: 8, 7, and 6
```

2.5 数据的输出和输入

在控制台方式的 C 语言程序开发中，经常要利用 printf 和 scanf 两个系统函数进行格式化输出和输入。这两个函数帮助我们区分各种不同的数据类型，接下来就对这两个函数的用法进行详细介绍。

2.5.1 用 printf 函数输出数据

printf 函数可以用于向标准输出设备打印格式化字符串，一般形式如下：

printf(格式字符串, 表达式 1, 表达式 2, …);

其中，格式字符串中包含普通字符和转换说明符。转换说明符以符号“%”开始，后面跟着的字符表示不同的格式化方法。转换字符会将后面参数列表中对应的表达式值从二进制转换为对应的格式输出。比如“%d”可以把对应表达式的二进制表示转换为整型的十进制格式输出，而“%f”则将其转换为浮点型的十进制格式。下面的程序表示将整型变量 i、字符型变量 c 和浮点型变量 f 进行不同形式的格式化输出。

```
int i = 80;
```

```
    char c = 'C';
    float f = 3.1416f;
    printf("ASCII %8d = Char %c\nASCII %-8d = Char %c\nPI = %8.2f", c, c, i, i, f);
```

这段代码的输出为：

```
ASCII       67 = Char C
ASCII 80       = Char P
PI =     3.14
```

从上面的例子可以看出，转换说明符除了可以将变量转换为指定格式进行输出外，还可以通过附加说明的方式得到更加多样的输出形式。这种附加在转换字符上的说明叫作修饰符，修饰符包括最小字段宽度和精度两种。此外，还可以通过添加标志的方法来影响变量的显示形式。比如上面的代码将 c 按照整数格式输出，使用修饰符 8 表示最小字段是 8（右对齐）；将整数 i 输出，使用修饰符表示最小字段 8，使用标志“-”表示左对齐；将浮点数 f 通过修饰符以小数部分取 2 位、最小字段 8（右对齐）的方式输出。C 语言中使用的转换说明符、修饰符和标志符如表 2-3 所示。

表 2-3　C 语言中转换说明符、修饰符和标志

类别	表示形式	说　明
转换说明符	%a、%A	十六进制科学记数法 (C99)
	%e、%E	十进制科学记数法
	%c	一个字符
	%f	浮点数，十进制记数法
	%g、%G	根据数值不同自动选择%f 或者%e（%E）。%e（%E）格式在指数小于 -4 或者待输出数大于等于精度时使用
	%i、%d	有符号十进制整数
	%o	无符号八进制整数

续表

类别	表示形式	说　　明
转换说明符	%u	无符号十进制整数
	%x、%X	无符号十六进制整数
	%p	指针
	%s	字符串
	%%	一个百分号
修饰符	*digit(s)*	字段宽度的最小值。如果该字段不能容纳要打印的数或者字符串，系统会使用更宽的字段
	.digit(s)	精度。对于%e、%E 和%f 转换，指小数点右边打印的数字的位数；对于%g 和%G 转换，是有效数字的最大位数；对于%s 转换，是打印的字符的最大数目；对于整数转换，是打印的数的最小位数，如果必要，要使用前导零来达到这个位数
	h	和整型转换说明符一起使用，表示一个 short int 或 unsigned short int 类型数值
	hh	和整型转换说明符一起使用，表示一个 signed char 或 unsigned char 类型数值
	j	和整型转换说明符一起使用，表示一个 intmax_t 或 uintmax_t 值
	l	和整型转换说明符一起使用，表示一个 long int 或 unsigned long int 类型数值
	ll	和整型转换说明符一起使用，表示一个 long long int 或 unsigned long long int 类型数值（C99）
	L	和浮点转换说明符一起使用，表示一个 long double 值

续表

类别	表示形式	说　明
修饰符	t	和整型转换说明符一起使用，表示一个 ptrdiff_t 值(与两个指针之间的差相对应的类型) (C99)
	z	和整型转换说明符一起使用，表示一个 size_t 值(sizeof 返回的类型) (C99)
标志	-	左对齐
	+	有符号的值若为正，则显示带加号的符号；若为负，则带减号的符号
	空格	有符号的值若为正，则显示时带前导空格，不显示符号；若为负，则带减号符号
	#	若为%o 格式，则以 0 开始；若为%x 或%X 格式，则以 0x 或 0X 开始。对于所有的浮点形式,#保证了至少打印一个小数点字符。对于%g 和%G 格式，#防止尾随零被删除。示例：“%#o” “%#8.0f”和“%+#10.3E”
	0	对于所有的数字格式，用前导零而不是用空格填充字段宽度。如果出现-标志或者指定了精度(对于整数)则忽略该标志

除了格式转换字符之外，printf 函数的格式字符串中还可以包含转义字符。所谓转义，就是这个字符已经不代表它本来的意义，而转换为特殊含义。这些具有特殊含义的字符可能是一些不可见的字符，比如换行符或者制表符，也可能是警报音。要使字符具有转义特性，需要在特定的字符前面添加符号“\”。转义字符如表 2-4 所示。

表 2-4　C 语言中的转义字符

转义字符	意义
\o	空字符(NULL)
\n	换行符(LF)
\r	回车符(CR)
\t	水平制表符(HT)
\v	垂直制表(VT)
\a	响铃(BEL)

续表

转义字符	意义
\b	退格符(BS)
\f	换页符(FF)
\’	单引号
\”	双引号
\\	反斜杠
\?	问号字符

转义字符有一个问题是，它并没有包含所有无法打印的 ASCII 字符，只是包含了最常用的部分。此外，它也无法用于表示基本的 128 个 ASCII 字符以外的其他字符。这个问题可以通过数字转义字符来解决。即使用符号“\”后跟八进制或者十六进制的 ASCII 码来得到其对应的字符，如：

八进制： \35 \035

十六进制： \x1b

2.5.2　用 scanf 函数输入数据

和前面介绍的 printf 函数类似，scanf 函数会根据特定的格式从输入设备读取信息。其一般形式如下：

```
scanf(格式字符串, &变量 1, &变量 2, …);
```

其中的格式字符串和 printf 中的用法基本一致，用户特定格式的输入会被赋予对应的变量，变量名前面的符号“&”是取地址符，表示将输入的内容直接放入这些变量地址所指向的内容单元中。关于内存地址和指针的内容会在本书后面的“数组及指针”章节中详细讨论。比如下面的例子要求用户输入两个浮点型数，程序将两个数进行相加，并将结果输出。

```
float f1, f2;
scanf("%f%f", &f1, &f2);
printf("Add result of %f and %f is: %f", f1, f2, f1+f2);
```

需要注意的是，scanf 函数会忠实读取用户的所有输入，如果用户输入和预期不符，则可能出现问题，如用户输入：

22.5,46.4

scanf 函数会首先读取 22.5 并将其赋值给 f1。然而，由于用户输入了逗号，而逗号并没有匹配后面的“%f”，故而 f2 没有得到正确的赋值结果，导致错误发生。如果要求用户输入逗号的话，可以将上面的读取用户输入代码修改为：

```
scanf("%f,%f", &f1, &f2);
```

否则用户在输入时，要以空格来分隔两个浮点数。

2.6　打字母游戏

为了将本章学习到的变量的相关知识运用到实际操作中，我们设计一个简单的打字母游戏。这个游戏的主要流程可以用第 1 章介绍的算法流程图表示（图 2-1）。

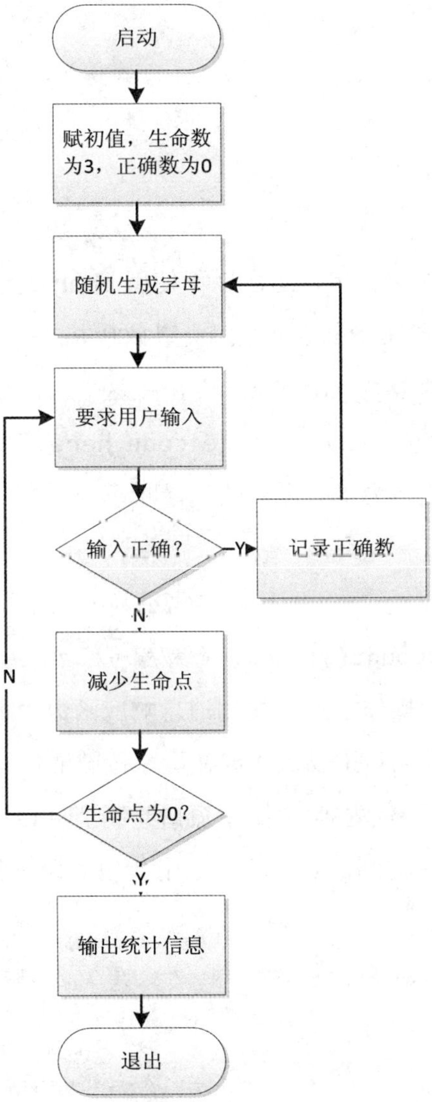

图 2-1　游戏流程

像第 1 章中的游戏练习程序那样，在 VS 中新建一个 Win32 工程。

因为变量可以用于保存可能发生变化的信息，所以玩家的很多游戏信息可以通过变量的方式保存。这些信息包括：生命点数、得分、游戏的运行时间、当前的字母等。

使用 C 语言的方式可以将这些变量定义如下：

```
COLORREF color = RGB(255, 0, 0);        // 文字颜色为红色
int health = 3;                         // 玩家生命点数
int score = 0;                          // 玩家得分
unsigned long times = 0;                // 游戏运行时间
char c;                                 // 待输入的字母
WCHAR str[64];                          // 输出字符串
char hit;                               // 当前玩家的按键字母
```

其中，这行代码值得注意：

```
WCHAR str[64];                          // 输出字符串
```

它表示 str 变量是一个字符串，之所以不使用 char 类型，是因为输出需要支持中文字符，所以采用这种 16 位的 Unicode 字符类型 WCHAR。

我们找到程序的入口函数“_tWinMain”，在这个入口函数中， VC 为我们自动生成了很多代码，其中语句“// TODO: Place code here.”表示 VC 希望我们将一些程序运行初期的代码放置于此。为了对上面的变量赋予一定的初始值，可以将以下代码放到这行注释后面：

```
    c = 'A'+rand()%26;              // 随机生成一个新的待输入字母
    times = GetTickCount();         // 得到程序启动时的时间（毫秒）
```

完成这些变量赋初值的操作之后，找到消息响应函数“WndProc”。由于这次主要处理玩家按键消息，所以我们将主要操作放在玩家按键消息 WM_KEYDOWN 的响应中。当然，程序还需要输出一系列游戏内容。因此，窗口绘制消息 WM_PAINT 的响应也是重点。类似于第 1 章中的鼠标响应机制，可以输入以下代码对玩家按下的键盘消息进行响应：

```
    case WM_KEYDOWN:
        if (health <= 0)              // 如果生命点耗尽,则不处理键盘消息
            break;
         hit = wParam;                // 得到当前玩家的按键
         if (hit == c)                // 如果是正确的按键
```

```
        {
            c = 'A'+rand()%26;       // 随机生成一个新的待输入字母
            score = score + 1;       // 得分加1
        }
        else                         // 否则,减少生命点
        {
           health = health - 1;
           if (health <= 0)          // 如果生命点耗尽,则计算总耗时
               times = GetTickCount() - times;
        }
        InvalidateRect(hWnd, NULL, TRUE); // 重绘屏幕
       break;
```

这些代码其实完成了大部分用户交互功能，即判断玩家按下的按键是否正确，并进行相应处理。其中涉及很多数值运算以及逻辑判断，比如：

```
            c = 'A'+rand()%26;       // 随机生成一个新的待输入字母
```

其中 rand()是函数调用，表示得到一个随机整数，而%26 表示对 26 求余数，所以这个语句的意思是将 c 赋值为一个随机的大写字母。

而在绘制消息处理分支中，输入以下代码：

```
    case WM_PAINT:
        hdc = BeginPaint(hWnd, &ps);
        // TODO: Add any drawing code here...
        SetTextColor(hdc, color);                // 设定文字颜色
        TextOut(hdc, 0, 0, L"请输入正确的字母!", 9);
        // 将待输出的信息格式化存储到字符串中
   swprintf(str, L"生命数: %d", health);
        TextOut(hdc, 200, 0, str, wcslen(str)); // 输出游戏信息
        // 将待输出的信息格式化存储到字符串中
        swprintf(str, L"得分: %d", score);
        TextOut(hdc, 400, 0, str, wcslen(str)); // 输出游戏信息
        if (health <= 0)                         // 游戏结束信息
```

```
        {
            swprintf(str, L"游戏结束,打字速度: %.2f 个每秒",
float(score*1000)/times);
        }
        else
            swprintf(str, L"%c", c);          // 当前待输入的字符
        TextOut(hdc, 20, 40, str, wcslen(str));

        EndPaint(hWnd, &ps);
        break;
```

这些代码将一些游戏统计信息以及需要用户点击的字母输出，并且按照当前的生命点，选择是否输出游戏结束的统计信息。其中 swprintf 函数完成对字符串的格式化赋值,这样可以将一些变量按照格式化方式赋值到字符串中,字符串最终被显示到窗口中。

游戏运行结果如图 2-2 所示，玩家需要尽可能快且准确地键入屏幕上的字母。

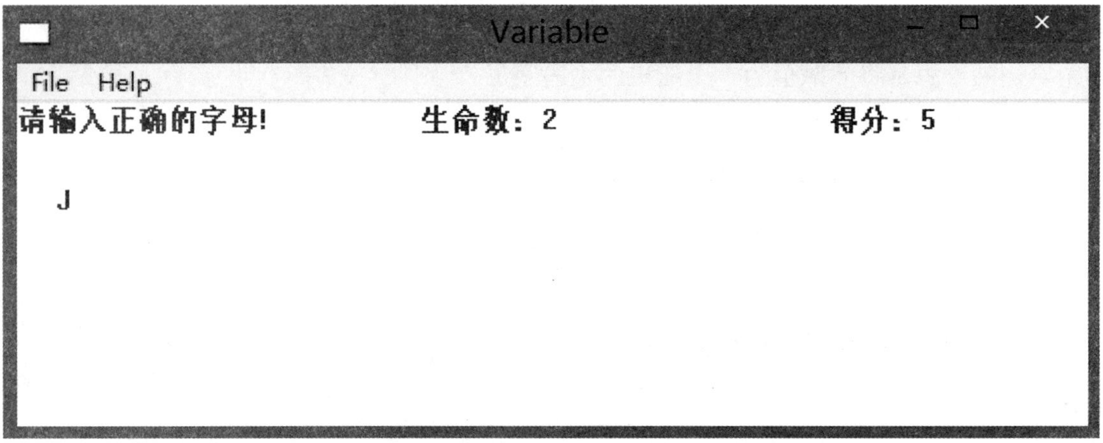

图 2-2 游戏画面

2.7 小结

本章主要介绍了 C 语言中的变量、和变量相关的数据类型，包括它们的存储方式、输出和输入方法，并将本章介绍的内容应用于“打字母”游戏中。本章内容是编程的基础，几乎没有程序能够离开对各种类型数据的处理。读者通过这一章的学习，应该掌握

C 语言中的基本数据类型及其用法，以及格式化输出和输入的方法。

上机练习题

本章以“打字母”游戏为例，使读者进一步熟悉 Win32 程序框架。建议读者以“打字母”游戏为基础，实现下面的游戏功能：

1.修改输出文字的大小；

2.要求玩家在规定时间内完成每个字母的输入，否则减少生命点；

3.增加对字母大小写的支持。

第 3 章　运算符、表达式和语句

要点提示

C 语言程序由一系列语句组成，而语句由描述计算的基本结构——表达式组成，表达式则由被计算对象（如第 2 章介绍的基本类型数据）和表示运算的特殊符号按照一定的规则构建而成，这些描述数据运算的特殊符号称为运算符。本章将讨论 C 语言中的运算符、表达式和语句这 3 个基本概念，以及它们之间的关系，要点包括：

1. C 语言中支持的运算符：

- ➢ 算术运算符　+ − * / % ++ −−
- ➢ 关系运算符　< <= > >= == !=
- ➢ 逻辑运算符　! && ||
- ➢ 位运算符　<< >> ~ | ^ &
- ➢ 赋值运算符　= += −= *= /= %=　>>= <<= &= ^= |=
- ➢ 条件运算符　?:

2. 利用这些运算符进行运算，构成对应类型的表达式

3. 理解语句的含义

3.1　运算符及表达式

3.1.1　算术运算

算术表达式由计算对象、算术运算符及圆括号构成。它与数学上的算术运算式极为相似，仅个别运算符号稍有差异。如下面两个算术运算表达式：

```
19.32 / 3.2 + (33 - 25.3) * 6
43.2 * (3 - 9.2) + 234 % 12
```

算术运算符一共有5个，它们是：

- + ：一元和二元运算符，一元表示正号，二元表示加法运算
- - ：一元和二元运算符，一元表示负号，二元表示减法运算
- * ：二元运算符，乘法运算
- / ：二元运算符，除法运算
- % ：二元运算符，取模运算（求余数）

一元运算符就是只有一个运算对象的运算符，运算对象写在运算符后面。二元运算符有两个运算对象，分别写在运算符两边。+ 和 – 同时作为一元和二元运算符使用，其他都是二元运算符。对于表达式里的某个 + 或 – 运算符，根据其出现位置的上下文符号可以确定它是作为哪种运算符使用的。取模运算符只能用于整数类型，其余运算符可用于所有数值类型。

如果参与算术运算的数据属于同一类型，则计算结果仍然是该类型的值。例如：13 * 4 结果为整数类型52，而 3.3 + 2.7 计算结果为双精度值6.0。由于C语言有这种默认的算术运算类型确定方法，所以在进行某些运算时要特别注意，比如“3/2”这个表达式，由于参与运算的3和2都是整型，因此结果也是整型1（结果1.5的整数部分），而非浮点型1.5。在计算结果为负数的情况下，不同系统可能会得到不同的结果，有些系统直接取负数的整数部分，而有些则向更小的整数取整。比如算术表达式“-9/4”，有些系统结果为-2，有些则为-3。

如果参与运算的数据属于不同类型，在运算时，C语言会自动对其中的某些数据进行类型转换。C语言会尽量以“安全”作为转换原则，即将低等级的数据类型转换为高等级的数据类型。如运算“13.5 * 3”，将得到双精度值40.5，因为双精度比整型等级高，因此整型3会被自动转换为双精度3.0，从而和另外一个参与运算的数据保持一致。类型级别从高到低的顺序是long double、double、float、unsigned long long、long long、unsigned long、long、unsigned int和int。

除了上面介绍的5个算术运算符之外，为了方便程序的编写，C语言还提供了下面两个一元算术运算符：++和--。++表示自增1， --表示自减1。值得注意的是，这两个运算符可以放在操作数的前面作为前缀，或者放在后面作为后缀。前缀意味着“立即”自增（或自减）1，而后缀意味着“稍后”自增（或自减）1。下面的代码就说明了自增或自减运算符

作为前缀和后缀的区别：

```
int i = 0, j = 0;
printf("--i = %d, j-- = %d\n", --i, j--);
printf("Finally, i = %d, j = %d", i, j);
```

该段代码的输出为：

```
--i = -1, j-- = 0
Finally, i = -1, j = -1
```

3.1.2 关系运算

程序中确定两个量之间大小关系的运算称为关系运算，用于进行关系运算的符号称为关系运算符，在C语言中有以下关系运算符：

- < ：小于
- <= ：小于或等于
- > ：大于
- >= ：大于或等于
- == ：等于
- != ：不等于

关系运算符都是双目运算符，其结合性均为左结合。所谓左结合，是指表达式中相同优先级运算符相邻的话，左边运算符构成的表达式首先进行计算；而右结合则是右边的运算符构成的表达式首先进行计算。由关系运算符构成的关系表达式的一般形式为：

表达式 **关系运算符** 表达式

关系表达式的值是“真”和“假”，在C语言中可以用“1”和“0”表示。下面是关系表达式的程序片段：

```
char c = 'k';
int i = 1, j = 2, k = 3;
float x = 3e+5, y = 0.85;
printf( "\'a\'+5 < c is: %d,i+j >= k is: %d\n", 'a'+5 < c, i+j >= k );
printf( "1 < j <= k is: %d, x <= y is: %d\n", 1 < j <= k, x <= y);
printf( "i+j+k == 2*j is: %d, i+2 == j+1 == k is: %d\n", i+j+k == 2*j,
i+2 == j+1 == k);
```

该段代码的输出为：

```
'a'+5 < c is: 1,i+j >= k is: 1
1 < j <= k is: 1, x <= y is: 0
i+j+k == 2*j is: 0, i+2 == j+1 == k is: 0
```

需要注意的是表达式：i+2 == j+1 == k，虽然参与关系等于运算的三个表达式的值都是3，但由于关系运算符满足左结合性，因此首先计算“i+2 == j+1”，该关系表达式为真，故而其值为1，而1并不等于k，所以这个复合型关系表达式最终的值为假，转换为整型为0。

3.1.3　逻辑运算

C语言中提供了三种逻辑运算符：

- &&　：逻辑与运算
- ||　：逻辑或运算
- !　：逻辑非运算

逻辑与运算符(&&)和逻辑或运算符(||)均为双目运算符，具有左结合性。而逻辑非运算符(!)为单目运算符，具有右结合性。和关系运算一样，逻辑运算的值也有“真”和“假”两种，其求值规则如表3-1所示。

表 3-1　逻辑表达式求值

a	b	!a	!b	a && b	a || b
真	真	假	假	真	真
真	假	假	真	假	真
假	真	真	假	假	真
假	假	真	真	假	假

逻辑运算具有短路求值的特征，如果参与运算的第一个操作数的值能确定整个逻辑表达式的值，则逻辑表达式不会对第二个操作数求值。这个特征可以通过下面的程序示例来说明。

```
int a=1,b=1;
printf("a:%d,b:%d\n",a,b);
printf("!a:%d,a||b:%d,a&&b:%d\n",!a,a||b,a&&b);
printf("a--||b--:%d\n",a--||b--);
printf("a:%d,b:%d\n",a,b);
```

该段代码的输出为：

```
a:1,b:1
!a:0,a||b:1,a&&b:1
a--||b--:1
a:0,b:1
```

从该段代码中可以看出逻辑运算的求值规律。从变量a和b的最终结果可以看出，逻辑运算符具有短路求值特性。在对逻辑表达式“a--||b--”求值时，由于a的值为真，因此可以确定整个表达式为真，因此b--并没有进行计算，而只求解了a--的值。

3.1.4 位运算

位运算以二进制位（bit）为操作对象，参加运算的操作数必须是整型常量或变量。位运算符有两种：位逻辑运算符和移位运算符。其中，位逻辑运算符有4种，移位运算符有2种，这些运算符的具体说明见表3-2。

表 3-2 位运算符

类型	运算符	名称	功能	示例
位逻辑运算符	~	位反	按位取反	~0x7c 计算结果：0x83
	&	位与	按位取与	0x7a&0x53 计算结果：0x52
	|	位或	按位取或	0x7a&0x53 计算结果：0x7b
	^	位异或	按位取异或	0x7a&0x53 计算结果：0x29
移位运算符	<<	左移位	按位向右移位	-0x7a<<2 计算结果：0xfffffe18
	>>	右移位	按位向左移位	-0x7a>>1 计算结果：0xffffffc3

数m和n进行位逻辑运算的规律如表3-3所示，其中的“位逻辑与”和“位逻辑或”运算和本章前面的逻辑运算符运算规律十分相似，如果把0看成false，把1看成true，则二

者运算规律完全相同。而位异或的运算规律是参与运算的对应位相同时，结果为0，否则为1。

表 3-3　位逻辑运算规则

m	n	m&n	m|n	m^n
0	0	0	0	0
1	0	0	1	1
0	1	0	1	1
1	1	1	1	0

对于移位运算，左移位比右移位简单一些。在左移位操作后，右端出现的空位补0，移出左端的位舍去。而右移位操作和操作数是否带有符号有关，不带符号的操作数右移位时，右端移出的位舍弃，左端出现的空位补0；带有符号的操作数右移位时，右端移出的位同样舍弃，而左端出现的空位按照原来数的最左端位复制。对于移位操作，每左移一位，相当于做一次乘法；右移一位，相当于做一次除法。

需要注意的是，位运算符不会改变操作数的值，只是将操作数进行相应计算以后，将结果返回。

3.1.5　赋值运算

赋值运算符“=”的作用是将一个数据或表达式的值赋给一个变量，赋值表达式的一般形式为：

变量　**赋值运算符**　表达式

其求值规则为：首先，求赋值运算符右侧的表达式的值；然后，赋给赋值运算符左侧的变量。

在赋值表达式中，计算的最终结果会被转换为被赋予值的变量的类型，有可能由低等级类型向高等级类型转换，也有可能相反，而后者可能会出现问题。比如下面的这段代码：

```
float f;
int i;
f = i = 3.33;
```

浮点数f并不能得到预期的结果3.33，而是得到3.0，这是因为f的值被赋值为赋值表达式“i=3.33”的值，由于i为整型，浮点数3.33首先被降级为整型3赋值给i，因此表达式“i=3.33”的值为3。由于等式最左边f的类型为浮点型，因此3又被升级为浮点数3.0，即为f最终的赋值结果。

在赋值符“=”之前加上其他运算符，可以构成复合的运算符，比如：

```
a += 3;
```

等价于：

```
a = a + 3;
```

3.1.6 条件运算

条件运算符为（? :）是C语言中唯一的三目运算符，由条件运算符组成的条件表达式的一般形式为：

```
表达式1 ? 表达式2 : 表达式3
```

其求值规则为：如果表达式1的值为真，则以表达式2的值作为条件表达式的值，否则以表达式3的值作为整个条件表达式的值。在这个过程中，表达式2和表达式3有且仅有一个会被求值。

条件表达式可以看作条件语句的紧凑写法，比如下面的条件表达式：

```
max=(a>b) ? a : b;
```

可使用条件语句改写为：

```
if(a>b)  max=a;
else max=b;
```

执行该语句的语义是：如“a>b”为真，则把a赋予max，否则把b赋予max。

3.1.7 逗号运算

在C语言中，逗号“,”的用法有两种：一种是用作分隔符，另一种是用作运算符。

在变量声明语句、函数调用语句等场合，逗号是作为分隔符使用的。例如下面两个语句中的逗号就是分隔符：

```
int a,b,c;
scanf("%f%f%f",&f1,&f2,&f3);
```

C语言还允许用逗号连接表达式。例如下面代码中的第二行语句：

```
    float x, y;
    x=5.6,y=2.1,10+x,x+y;
```

这里用三个逗号运算符将四个算术表达式连接成一个逗号表达式。

逗号表达式的一般形式如下：

```
表达式 1，表达式 2，表达式 3，...，表达式 n
```

当逗号作为运算符使用时是一个双目运算符，其运算优先级是所有运算符中最低的。逗号运算符的运算顺序是自左向右，整个逗号表达式的值是最右边的表达式值。

有时候使用逗号表达式的目的仅仅是为了得到各个表达式的值，而并非要得到整个逗号表达式的值。例如：

```
t=a,a=b,b=t;
```

此逗号表达式的目的是实现变量a、b值互换，而不是使用整个表达式的值。而下面的代码则使用了逗号表达式的值：

```
    int x;
    x=5+5,10+10;
    int y;
    y=(5+5,10+10);
```

由于逗号运算符的优先级最低，因此x被赋值为5+5，整个逗号表达式的值为10+10；但在给变量y赋值时，由于增加了一对括号，使10+10作为整个逗号表达式的值赋给变量y，因此y的值为20。

3.2　优先级

在做一些算术运算题时，按照运算规则，当不同运算符参与运算时需要按照先乘除后加减的顺序进行，这说明乘除相对于加减运算符具有更高的优先级。C语言有丰富的运算符，相应地，也有不同的优先级。当不同的运算符在表达式里相邻出现时，较高优先级的运算符比较低优先级的运算符先进行计算。运算符的优先级情况如表3-4所示。

表 3-4　运算符的优先级及结合方向

优先级	运算符	名称或含义	结合方向	说明
1	[]	数组下标	左到右	--
	()	圆括号		--
	.	成员选择（对象）		--
	->	成员选择（指针）		--

续表

<table>
<tr><th>优先级</th><th>运算符</th><th>名称或含义</th><th>结合方向</th><th>说明</th></tr>
<tr><td rowspan="9">2</td><td>-</td><td>负号运算符</td><td rowspan="9">右到左</td><td rowspan="7">单目运算符</td></tr>
<tr><td>~</td><td>按位取反运算符</td></tr>
<tr><td>++</td><td>自增运算符</td></tr>
<tr><td>--</td><td>自减运算符</td></tr>
<tr><td>*</td><td>取值运算符</td></tr>
<tr><td>&</td><td>取地址运算符</td></tr>
<tr><td>!</td><td>逻辑非运算符</td></tr>
<tr><td>(类型)</td><td>强制类型转换</td><td>--</td></tr>
<tr><td>sizeof</td><td>长度运算符</td><td>--</td></tr>
<tr><td rowspan="3">3</td><td>/</td><td>除</td><td rowspan="3">左到右</td><td rowspan="3">双目运算符</td></tr>
<tr><td>*</td><td>乘</td></tr>
<tr><td>%</td><td>余数（取模）</td></tr>
<tr><td rowspan="2">4</td><td>+</td><td>加</td><td rowspan="2">左到右</td><td rowspan="2">双目运算符</td></tr>
<tr><td>-</td><td>减</td></tr>
<tr><td rowspan="2">5</td><td><<</td><td>左移</td><td rowspan="2">左到右</td><td rowspan="2">双目运算符</td></tr>
<tr><td>>></td><td>右移</td></tr>
<tr><td rowspan="4">6</td><td>></td><td>大于</td><td rowspan="4">左到右</td><td rowspan="4">双目运算符</td></tr>
<tr><td>>=</td><td>大于等于</td></tr>
<tr><td><</td><td>小于</td></tr>
<tr><td><=</td><td>小于等于</td></tr>
<tr><td rowspan="2">7</td><td>==</td><td>等于</td><td rowspan="2">左到右</td><td rowspan="2">双目运算符</td></tr>
<tr><td>! =</td><td>不等于</td></tr>
<tr><td>8</td><td>&</td><td>按位与</td><td>左到右</td><td>双目运算符</td></tr>
<tr><td>9</td><td>^</td><td>按位异或</td><td>左到右</td><td>双目运算符</td></tr>
<tr><td>10</td><td>|</td><td>按位或</td><td>左到右</td><td>双目运算符</td></tr>
<tr><td>11</td><td>&&</td><td>逻辑与</td><td>左到右</td><td>双目运算符</td></tr>
<tr><td>12</td><td>||</td><td>逻辑或</td><td>左到右</td><td>双目运算符</td></tr>
<tr><td>13</td><td>?:</td><td>条件运算符</td><td>右到左</td><td>三目运算符</td></tr>
</table>

续表

优先级	运算符	名称或含义	结合方向	说明
14	=	赋值运算符	右到左	--
	/=	除后赋值		--
	*=	乘后赋值		--
	%=	取模后赋值		--
	+=	加后赋值		--
	-=	减后赋值		--
	<<=	左移后赋值		--
	>>=	右移后赋值		--
	&=	按位与后赋值		--
	^=	按位异或后赋值		--
	|=	按位或后赋值		--
15	,	逗号运算符	左到右	--

和普通的算术运算类似，在表达式中使用括号可以显式表明不同运算符并列时的计算顺序。在表达式求值过程中，括号里面的表达式将先行计算，得到的结果再参与括号外面的其他计算。例如，在下面表达式中，通过添加括号改变了不同优先级运算符的执行顺序。

```
-(((2 + 6) * 4) / (3 + 5))
```

括号是人用于控制计算过程的一种手段。如果直接写出的表达式的计算顺序不符合需要，就可以通过加括号的方式，强制程序执行所需要的特定计算顺序。此外，当表达式中出现多个运算符时，建议通过括号明确运算符的计算顺序，而不要依赖于表3-4中的优先级。因为依赖优先级虽然对于程序执行不会产生歧义，但会使计算机程序的可读性变差，容易让人产生误解。

括号还可以用来表示强制类型转换。其形式是在被转换表达式前面写一对括号，括号里写一个类型名，表示要求把表达式的计算结果转换成指定类型。例如，表达式：

```
(int)(3.6 * 15.8) + 4
```

就是要求把“3.6 * 15.8”计算的结果（一个double值）首先转换为int值，而后再用这个int值参与加法运算。实数类型值到整型值的转换方式是直接丢掉小数部分。类型转换中可能降低精度，导致计算结果出现偏差。比如此例要求的强制类型转换，原来的小数部分丢掉了，会造成较明显的误差。这种使用括号表示的强制类型转换是一元运算符，它是值的转换，是从一个值转换成另一个不同类型的值，并不会改变待转换值。

3.3 结合方向

依据前面介绍的运算符优先级，并配合使用括号，可以在不同优先级的运算符相邻出现时，确定相应的运算顺序。但当相同优先级运算符相邻出现时，需要另外一种机制来决定运算顺序，这种机制就是结合方向。

C语言中运算符的结合方向有两种：左结合(从左至右)和右结合(从右至左)。例如，算术运算符的结合方向是从左至右。如表达式：

```
x - y + z
```

按照从左至右的顺序进行运算，首先执行x-y，其结果再和z执行+运算。而从右至左的典型运算符是赋值运算符。如表达式：

```
x = y = z
```

由于“=”的右结合性，上式应先执行y=z，再将其结果（即z值）赋值给x。可以使用括号的方式，来显式表明这个表达式的结合性：

```
x = (y = z)
```

不同优先级运算符的结合方向参见表3-4。

C语言中的结合性符合人们平时的运算习惯，结合性和优先级一起作用，可以确定程序中表达式的唯一求值结果。但当表达式由多个子表达式组成，而且表达式值取决于子表达式求值顺序时，可能会出现歧义。因为C语言并没有规定大多数子表达式的求值顺序，因此，在表达式(a+b)/(c-d)的求值过程中，无法确定(a+b)和(c-d)两个子表达式哪个首先求解。当子表达式求解顺序会对最终结果产生影响时，需要特别重视这种情况。例如下面的程序片段：

```
int x, y, z;
x = 1;
z = (y = x + 1) + (x = 0);
```

如果编译器按照从左往右的顺序进行子表达式计算，则上面代码中x、y、z的计算结果分别为0、2、2。如果编译器从右至左计算子表达式，则三个值的计算结果分别为0、1、1。当子表达式中出现自增、自减运算符时，这种复合型表达式的求值会变得更加容易让人迷惑，例如下面的程序片段：

```
int x = 1;
```

```
int y = ++x + --x + 3;
```

很多编译器会首先执行自增、自减运算，所以对上面y进行赋值运算时，会首先执行++x，然后执行--x，最后使用x经过自增或自减之后的值(在此例中未变化)参与算术运算，得到结果5。然而，有些编译器会首先取出x的值1，然后进行自增运算，得到x的新值2，然后自减，得到x的新值1，最后计算2+1+3，得到结果6。

从上面的例子可以看出，子表达式的求值顺序并没有固定的规则。因此要尽可能避免这种依赖于子表达式求值顺序的情况发生。比如第一个例子可以修改为下面的形式：

```
int x, y, z;
x = 1;
y = x + 1;
x = 0;
z = y + x;
```

第二个例子则可以将自增、自减放在计算语句之前；如果是后缀形式的自增、自减，则可以放在计算语句之后。

3.4　语句

C语言程序的功能需要通过执行语句来实现，语句是C语言的基本执行单元。前面介绍的由各种运算符构成的对应表达式，需要放入执行语句中才能发挥作用。由这些表达式构成的执行语句称为表达式语句，通过在表达式后面添加分号的方式来实现。除了表达式语句之外，C语言中还包括函数调用语句、控制语句、复合语句和空语句。在此，我们对这些语句仅作简要介绍，具体内容会在后续章节中详细讨论。

3.4.1　表达式语句

表达式语句是在表达式后面加上分号“;”，其一般形式为：

```
表达式;
```

执行表达式语句的结果就是计算表达式的值。例如下面的表达式语句：

```
int x, y;
x = 30, y = 60;
int z = (x + y) / 2;
z - 3;
```

```
z >>= 2;
x++, --y;
```

表达式运算只有放在语句中才会被执行，但某些表达式求值并不具有实际意义，例如上面代码中的这行表达式语句：

```
z - 3;
```

就没有实际意义。

3.4.2 函数调用语句

虽然我们现在还没有学习C语言中的函数相关内容，但已经多次使用了函数调用语句。函数调用语句由函数名和实际参数加上分号“;”组成。其一般形式为：

```
函数名(实际参数表);
```

执行函数调用语句就是将实际参数赋予函数定义中的形式参数，然后执行被调用函数，并求函数值，最后返回调用处。例如第2章中用到的格式化输入和输出函数调用语句：

```
int x, y;
scanf("%d%d", &x, &y);
printf("You have entered:%d,%d\n", x, y);
```

3.4.3 控制语句

控制语句用于控制程序的流程，以实现程序的各种结构。它们由特定的语句定义符组成。C语言有9种控制语句，分为以下3类：

(1) 条件判断语句：if语句、switch语句。

(2) 循环语句：do while语句、while语句、for语句。

(3) 转向语句：break语句、goto语句、continue语句、return语句。

3.4.4 复合语句

把多个语句用大括号括起来可以组成复合语句，程序会把复合语句看成单条语句。例如：

```
int x = 1;
{
    int y = 2;
    printf("x = %d, y = %d\n", x, y);
    x++;
```

```
    }
    printf("x = %d, y = %d\n", x, y);
```

由于中间的复合语句块被当作单条语句看待，其中定义的变量y只在这个复合语句中起作用。因此，最后的printf函数调用语句会出错，无法识别变量y。

3.4.5　空语句

只有分号“;”的语句称为空语句。空语句是什么也不执行的语句，可以用于不执行任何操作的场合，例如用作空循环体：

```
    while(getchar()!='\n')
        ;
    printf("Welcome!\n");
```

代码的功能是当用户输入回车键之后，才执行后续的语句。

3.5　计算器程序

为了练习本章学习的内容，即使用运算符组成的各种表达式及语句，我们编程实现一个计算器程序。该程序允许玩家输入四则运算，计算机计算结果并输出。和前面章节中的示例一样，我们建立一个Win32工程。在程序消息循环中，主要关注两个消息：一个是用户键盘输入，另一个是绘制。

为了保存用户输入的一些信息，首先在主文件中定义以下几个全局变量：

```
float x = 0, y = 0;       // 参与运算的两个数
int num = 0;              // 当前用户输入的个数
char oper;                // 运算符
char input[64];           // 临时保存用户的输入信息
float result;             // 保存计算结果
int bResult = 0;          // 是否求得结果
WCHAR str[64];            // 用于输出显示的字符串
```

接着，找到该文件中的消息处理函数WndProc，在这个函数中的消息条件分支处理语句中，添加以下消息分支，这个消息在用户按下键盘时会被触发。

```
    case WM_CHAR:         // 用户输入
```

然后，发出一个重绘消息，让系统尽可能快地进行重绘，以便将用户的输入信息尽快

显示出来。

```
InvalidateRect(hWnd, NULL, TRUE); // 重绘屏幕消息
```

接下来，按照用户的输入情况，决定如何操作。如果用户输入回车键，证明用户要结束本次运算，进行下一次运算，所以，需要做清理工作。

```
if (wParam == VK_RETURN)    // 如果按下回车键,则开始新一轮计算
{
    num = 0;
    bResult = 0;
    memset(input, '\0', 64*sizeof(char));
}
```

如果已经得到了计算结果，则不接收用户的其他输入。

```
else if (bResult)   // 如果已经得到了计算结果，则不接收用户的其他输入
    break;
```

如果用户输入合法，则将用户的输入记录到一个字符数组中。

```
if(wParam == '.' || (wParam >= '0' && wParam <= '9'))
// 如果用户输入的不是数值,则不记录逻辑表达式
{
    input[num++] = wParam;        // 赋值语句
}
else if (wParam=='+'||wParam=='-'||wParam=='*'||wParam=='/')
// 记录运算符
{
    input[num++] = ' ';
    input[num++] = wParam;
    input[num++] = ' ';
}
```

如果用户输入等号，则立刻执行运算，并保存计算结果。

```
else if (wParam == '=')// 用户输入等号，进行运算
{
    input[num++] = ' ';
```

```
        // 获取参与运算的数值及运算符
        swscanf(str, L"%f %c %f", &x, &oper, &y);
        if (oper == '+')            // 依据运算符类型进行不同运算
            result = x + y;
        else if( oper == '-')
            result = x - y;
        else if(oper == '*')
            result = x * y;
        else if(oper == '/')
            result = x / y;

        input[num++] = '=';
        bResult = 1;
    }
```

最后，使用break语句，退出条件分支语句。

上述代码只是将用户的合法键盘输入进行了处理，将合法的输入保存到字符数组input中。接下来，还需要在绘制消息中，将用户的输入尽快反馈到屏幕上。因此，在绘制消息处理分支中，需要添加以下输出代码：

```
    TextOut(hdc, 0, 0, L"请输入计算式", 6);
  // 将用户的输入转换为宽字符串,以便输出
MultiByteToWideChar(CP_THREAD_ACP,MB_USEGLYPHCHARS,input,64,str,64);
    TextOut(hdc, 0, 20, str, wcslen(str));// 显示用户的输入
    if (bResult)      // 如果有计算结果,则在下一行输出结果
    {
        WCHAR str2[16];
        swprintf(str2, L"%f", result);
        TextOut(hdc, 0, 40, str2, wcslen(str2));
    }
```

程序的执行结果如图3-1所示，用户输入四则运算，并输入等号，计算机自动获取计算结果并输出。当用户按下回车键，则进行下一次运算。

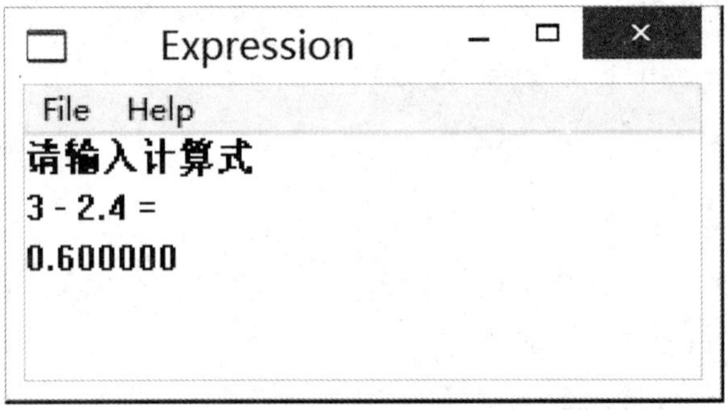

图 3-1 程序执行结果

3.6 小结

本章主要介绍了C语言中种类丰富的运算符，它们的优先级、结合性，以及使用运算符将各种类型的数据结合组成表达式的方法和表达式的求值特点。我们还讨论了包括表达式语句在内的C语言语句及其特点。这一章的内容在C语言中很基础，也很重要，需要读者不断练习体会，真正掌握它们的使用方法。本章最后通过一个计算器程序，介绍了四则运算表达式的编程实践过程。

上机练习题

在给出的计算器程序中，只实现了最简单的单一运算功能，建议读者以此为基础，实现下面几个更加复杂的数学计算功能：

1.求解复合算术表达式，如(9+22.5)*30/2.3；

2.支持其他种类的运算，如关系运算和位运算等。

第 4 章　选择结构程序设计

要点提示

在前面的章节中，大多使用的是最简单的程序设计结构——顺序结构，即程序的执行严格按照从前到后的顺序，逐语句执行，直到程序结束。然而，顺序结构的程序只适用于最简单的场景，比如执行一个四则运算、计算学生的平均成绩、在游戏中依次载入图片资源等。

而在实际开发过程中，遇到的情况往往更加复杂。比如在第 1 章中举的传令兵的例子：这条指令是让军队进行户外训练，但是有个条件，只有在天气晴朗的情况下才执行这条指令；如果下雨，则在室内进行业务学习。为了反映不同条件下执行不同指令的逻辑关系，需要使用选择结构。

本章要点是学习使用 if 语句、switch 语句和 goto 语句实现选择分支结构。

4.1　if 语句

if 语句的基本形式如下：

```
if (表达式 P)
    语句 A;
```

这个基本语句表示当表达式 P 为真的时候，执行语句 A，否则不执行。如果 A 是复合语句，就需要用大括号将这些语句括起来，表示从属于 if 选择结构。

if 语句还可以带有 else 子句，用于处理选择结构的另外一种情况。带有 else 子句的 if 选择结构形式如下：

```
if (表达式 P)
```

```
    语句A;
else
    语句B;
```

语句 A 和 B 也可以是复合结构，在这种情况下，需要使用大括号，表示语句 A 和语句 B 分别属于 if 选择结构的两个分支。

这两种基本的 if 选择结构如图 4-1 所示。

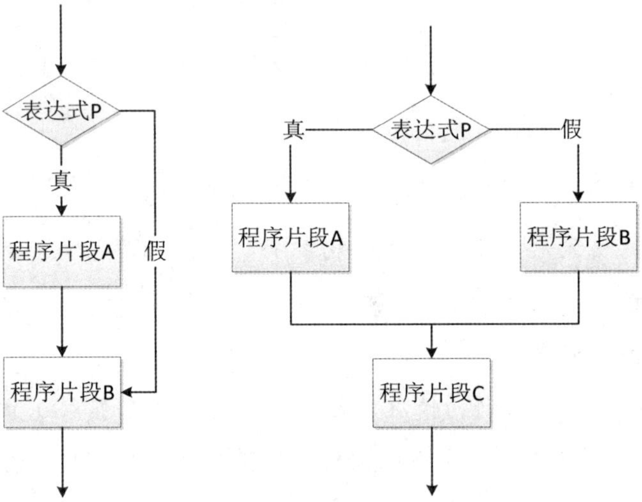

图 4-1　if 语句的两种基本结构流程

无论是在现实生活中还是在游戏开发或其他程序开发中，判断某些条件满足与否进而作出相应决策的情况比比皆是，比如：

(1) 新学期本科生选修课程，如果已经达到应修学分，则不选修；否则选修自己喜欢的课程。

(2) 游戏中用户得分超过 100，则进行下一关。

(3) 连线用户数量达到 8 个，则阻止其他用户连线。

(4) 如果面对的玩家级别大于自身，则逃跑；否则主动对玩家发起攻击。

以上条件判断都可以用图 4-1 中的两种流程图来表示。

接下来，以求两个数中的较大值为例，学习如何使用 if 语句实现分支选择结构。

算法思路是：对于用户输入的两个整数 n1 和 n2，利用第 3 章中学习的关系运算符比较二者大小，将其中大的一个赋值给变量 nMax。程序片段如下：

```
    int nMax, n1, n2;
    scanf("%d%d", &n1, &n2);
    if (n1 > n2)
        nMax = n1;
    else
        nMax = n2;
    printf("Max of %d and %d is:%d\n", n1, n2, nMax);
```

这段代码的核心是按照待比较变量的大小关系确定输出结果，即 if 和 else 组成的选择结构。类似这种依据判断条件决定表达式值的结构在程序中经常出现，所以 C 语言使用条件运算符来处理这种情况。上面程序中的选择结构可以用下面的条件运算语句代替：

```
nMax = n1 > n2 ? n1 : n2;
```

然而很多时候，条件判断可能并不只是简单的真、假两种情况，还需要额外进行其他一系列条件判断，才能最终决定执行语句。C 语言使用“级联式”if 语句来处理这种情况：

```
if (表达式 P)
    语句 A;
else
    if (表达式 Q)
        语句 B;
    else
        if(表达式 R)
            语句 C;
……
              else
                  语句 D;
```

这种“级联式”if 语句使用了嵌套形式，由于 C 语言对出现在 if 语句内部的语句类型并没有限制，因此可以使用上面的“级联式”if 语句来处理多个条件分支的情况。为了使嵌套结构更加清晰，建议读者在写 if 语句时，使用大括号来显式表明 if 语句的作用范围。

由于“级联式”if 语句很常用，而上面的写法会导致嵌套层级过多，影响使用。因此，C 语言允许将嵌套的 if 和 else 放置于同一行中，形成 else if (表达式)语句，它们和最初的 if 对齐，写成下面的形式：

```
if (表达式P)
    语句A;
else if (表达式Q)
    语句B;
else if(表达式R)
    语句C;
……
else
    语句D;
```

接下来，使用这种“级联式”if 语句设计一个成绩变换系统。系统要求用户输入百分制的成绩，然后输出此百分制分数对应的等级。该段代码可以表示如下：

```
float fScore = 0.f;
char level;
scanf("%f", &fScore);
if (fScore >= 90)
    level = 'A';
else if (fScore >= 80)
{
    level = 'B';
}
else if (fScore >= 70)
{
    level = 'C';
}
else if (fScore >= 60)
{
    level = 'D';
```

```
    }
    else
        level = 'E';
```

在上面的代码中，由于每一个分支只有一行语句，所以大括号也可以省略。

4.2　switch 语句

在上面的成绩变换系统中，如果输入、输出对调，即要求用户输入成绩级别，系统自动给出这种级别对应的百分制范围，我们仍然可以用“级联式”if 语句将代码撰写如下：

```
    float fScore = 0.f;
    char level;
    scanf("%c", &level);
    if (level == 'A')
        printf("The score of level %c is [90,100]\n", level);
    else if (level == 'B')
        printf("The score of level %c is [80,90)\n", level);
    else if (level == 'C')
        printf("The score of level %c is [70,80)\n", level);
    else if (level == 'D')
        printf("The score of level %c is [60,70)\n", level);
    else
        printf("The score of level %c is [0,60)\n", level);
```

在上面的代码中，变量 level 具有多个确定的取值，系统依据不同取值执行相应的程序流程。但这个代码稍显繁琐，因此，C 语言提供了另外一种更加高效的处理方式，即 switch 语句。其一般形式为：

```
switch(表达式){
    case 常量表达式 1:  语句 1;
    case 常量表达式 2:  语句 2;
    ……
    case 常量表达式 n:  语句 n;
```

```
    default:  语句 default;
}
```

switch 语句的执行过程是：计算表达式的值，并逐个与其后的常量表达式值进行比较，当表达式值与某个常量表达式值相等时，执行其后的语句，然后不再进行判断，继续执行后面的所有语句。如表达式值与所有 case 后的常量表达式值均不相同，则执行 default 后的语句。switch 语句执行流程如图 4-2 所示。

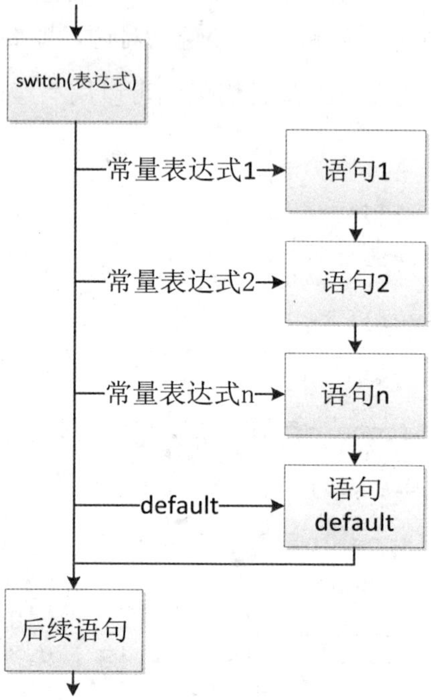

图 4-2　switch 语句执行流程

需要注意的是，switch 语句通过判断表达式的值，在众多 case 中找到程序入口，程序会执行这个 case 所对应的语句，以及这个 case 之后所有在 switch 结构内的其他语句。但更多的时候，我们希望 switch 结构只执行待判断表达式取特定值时的语句。在这种情况下，就需要使用 break 语句。

关键字 break 不带参数，当程序执行到 break 语句时，会跳转出当前结构，继续执行后面的程序。在 switch 语句中，经常需要在每一个 case 对应的语句之后增加 break 语句，以便跳出 switch 语句，从而避免执行 switch 中后续的语句。在图 4-2 中，如果每个 case 语句中都带有 break 语句，则执行完 case 对应的语句之后，程序碰到 break，将不再执行后续 case 中的语句，而是跳出 switch 结构，直接执行“后续语句”。

可以将前面的成绩变换系统程序，使用 switch 语句重写如下：

```
float fScore = 0.f;
char level;
scanf("%c", &level);
switch (level)
{
case 'A':
    printf("The score of level %c is [90,100]\n", level);
    break;
case 'B':
    printf("The score of level %c is [80,90)\n", level);
    break;
case 'C':
    printf("The score of level %c is [70,80)\n", level);
    break;
case 'D':
    printf("The score of level %c is [60,70)\n", level);
    break;
default:
    printf("The score of level %c is [0,60)\n", level);
    break;
}
```

在 switch 语句的 case 中，定义变量需要特别小心。比如下面的代码片段：

```
switch (state)
{
case state1:
  int i = 1;            // 错误
  ……
  break;
case state2:
```

```
    ……
}
```

这段代码会发生编译错误，在VC编译器中，提示错误为“error C2360: initialization of 'i' is skipped by 'case' label……”。产生这个错误的原因在C语言和C++语言中略有不同：在C语言中，原因是switch中的case仅表示用于跳转的标签，不能用在变量声明中；而在C++语言中，原因是程序可能跳转到case state2中，并因此跳过变量i的初始化，这是不允许的。在C++语言中，可以将变量定义并赋初值分解为两个语句，分别是变量声明和赋值：

```
int i; i = 1;
```

不管是在C语言还是C++语言中，更加稳妥的做法是将这些语句用大括号括起来，显式地表明多条语句组成的复合语句从属于当前case。

```
switch (state)
{
case state1:
    {
        int i = 1;  // 编译通过
        ……
        break;
    }
case state2:
    { …… }
}
```

不要将语句放置在switch结构中的开始部分，因为这样的语句不属于任何case标签，它们并不会被执行。比如下面switch结构中的语句：

```
switch (state)
{
    语句;
case state1:
……
case state2:
```

```
......
}
```

这里的“语句”就不会被执行。

4.3　goto 语句

goto 语句也称为无条件转移语句，goto 语句可以在函数内部实现程序跳转，但不能跨越函数。goto 语句的一般格式为：

```
goto    语句标签;
```

其中，语句标签是 goto 语句转向的目标。目标处的语句标签后跟冒号，之后跟跳转后的语句。语句标签的命名要遵循 C 语言的标识符命名规则，只能加在可执行语句前面，只能出现在 goto 所在的函数内，且唯一。

下面看看如何使用 goto 语句建立循环，实现从 1 到 10 之间所有整数的累加。

```
    int i = 1,sum = 0;
loop:
    if(i<=10)
    {
        sum += i;
        i++;
        goto loop;
    }
    printf("Sum of 1 to 10 is:%d\n", sum);
```

和 switch 语句中的 case 类似，在 C 语言中，语句标签不能直接放在变量声明前面。因此，在上面的代码中，如果将 loop 标签放在代码开头是无法编译通过的。但在 C++语言中，并无此限制。所以如果使用 VC 编译环境，将 loop 标签放置于开头，这段代码仍然可以通过编译，只不过无法得到想要的结果。

虽然 goto 语句可以十分灵活地实现程序跳转，但过度使用 goto 语句也会使程序变得过于复杂，可控性变差，因此要慎重使用 goto 语句。

4.4　猜数字游戏

接下来，我们通过一个猜数字游戏，熟悉一下本章所学的选择结构程序编写方法。

首先，计算机随机生成 4 个不重复的数字，让玩家猜测。然后，计算机根据玩家的猜测给出相应提示。玩家可以按照计算机给出的提示，继续猜测，尽量接近目标。

该游戏通常由两个人玩（本例中是人机博弈），一方出数字，一方猜。出数者想好一个没有重复数字的 4 位数，根据猜数字人说出的答案，给出几 A 几 B 的判断结果，其中 A 前面的数字表示位置正确的数字的个数，B 前面的数字表示数字正确而位置不对的数字的个数。如正确答案为 5234，猜的人猜 5346，则给出的提示应为 1A2B：其中数字 5 的位置对了，记为 1A；3 和 4 这两个数字对了，但位置没对，记为 2B，合起来就是 1A2B。接着猜的人再根据出数者给出的提示继续猜，直到猜中（即 4A0B）为止。

建立一个 Win32 工程，在主程序文件的开始阶段定义以下全局变量：

```
char num[4];        // 保存电脑生成的待猜测数字
char guess[4];      // 玩家猜测的 4 个数字
int nGuess = 0;     // 玩家已经输入的数字个数
WCHAR str[16];      // 保存输出字符串
int x = 0, y = 0; // 数字和位置都正确的个数，数字正确但位置不正确的个数
```

在主程序文件中找到程序的入口函数_tWinMain，在该函数后面，进入消息循环之前插入以下代码：

```
srand(time(NULL));                  // 随机种子
for (int i = 0; i < 4; i++)    // 随机给出 4 个不重复的数字
{
    num [i] = '0' + rand()%10;
    for (int j = 0; j < i; j++)
    {
        if (num[i] == num[j])   // 保证不出现重复数字
        {
            i--;
            break;
        }
    }
}
```

代码开头的 srand 函数是和随机数生成函数 rand 配合使用的，srand 可以产生伪随机数序列。rand 函数在产生随机数前，需要系统提供生成伪随机数序列的种子，rand 根据这个种子的值产生一系列随机数。如果系统提供的种子没有变化，则每次调用 rand 函数生成的伪随机数序列都是一样的。在第 2 章的“打字母”游戏中，就使用了随机功能，用来生成待输入字母。但“打字母”游戏并不像“猜数字”游戏一样使用随机种子函数，造成每次游戏都会使用相同的随机序列。所以如果读者多玩几次第 2 章的“打字母”游戏就会发现，每次游戏中显示的字母顺序都是：P、H、Q、G、H……这种程序漏洞很容易被细心的玩家发现，影响用户体验。

通常可以利用系统时间来改变随机种子，即按照程序启动的时间选定相应的种子。由于程序启动时间一般不太可能完全一致，所以每次的随机种子也会有所不同。使用下面的代码可以生成与时间相关的随机种子：

```
    srand(time(NULL));                      // 随机种子
```

由于这个函数使用了系统时间生成函数，因此需要在程序开头将关于时间的头文件包含进来：

```
#include <time.h>
```

后续代码主要是为了随机生成相互不重复的 4 个整数，并将它们以字符形式保存。

我们把本游戏的主要处理代码放置于消息处理函数 WndProc 中，在消息处理的 switch 语句中，增加一个处理玩家输入的按键消息的 case：

```
    case WM_KEYDOWN:
```

在这个 case 中，系统将按照玩家输入的按键消息进行相应处理。当玩家输入的是非数字按键时，分为两种情况：

(1) 玩家按下回车键，表明玩家对输入的猜测数字不满意，要重新猜数字，系统需要将一些必要的变量清零。

(2) 玩家按下空格键，表明玩家想放弃此次猜测，系统需要重新生成待猜测数字。

当玩家输入的是数字按键时，系统记录当前输入的按键。如果发现玩家输入了 4 个数字，则分析玩家猜测的数字和答案的差异。

实现以上功能的代码可以表示如下：

```
    case WM_KEYDOWN:
        InvalidateRect(hWnd, NULL, TRUE);  // 重绘屏幕消息
        // 如果玩家输入的不是数字,则不记录
```

```
if(wParam < '0' || wParam > '9')
{
    // 如果玩家输入回车键,则表示重新猜测
    if (wParam == VK_RETURN)
    {
        nGuess = 0;
        x = y = 0;
    }
    // 如果玩家输入空格键,则电脑重新生成待猜测数字
    else if (wParam == ' ')
    {
        for (int i = 0; i < 4; i++)
        {
            num [i] = '0' + rand()%10;
            for (int j = 0; j < i; j++)
            {
                if (num[i] == num[j])   // 保证不出现重复元素
                {
                    i--;
                    break;
                }
            }
        }
        nGuess = 0;
        x = y = 0;
    }
    break;
}
if (nGuess < 4)// 玩家输入猜测的数字
{
```

```
        guess[nGuess++] = wParam;
    }
    // 如果玩家输入了 4 个数字，表示猜测完毕，判断结果
    if (nGuess == 4)
    {
        x = y = 0;
        for(int i = 0;i < 4; i++)
            for(int j = 0; j < 4; j++){
                if(num[i] == guess[i]){
                    x++;
                    break;
                }
                if(guess[j] == num[i])
                    y++;
            }
    }
    break;
```

在绘制消息中，主要任务是对玩家的输入进行实时更新显示，以及用户输入完成之后，显示猜测结果，代码如下：

```
case WM_PAINT:
    hdc = BeginPaint(hWnd, &ps);
    // TODO: Add any drawing code here...
    TextOut(hdc, 0, 0, L"请猜 4 个数字", 6);
    for (int i = 0; i < nGuess; i++)    // 输出玩家已经猜测的数字
    {
        swprintf(str, L"%c", guess[i]);
        TextOut(hdc, i*20, 20, str, wcslen(str));
    }
    // 如果玩家输入完毕,则输出猜测结果
    if(nGuess == 4)
```

```
        {
            if(x==4){
                TextOut(hdc, 0, 20, L"猜对了！", 4);
                break;
            }
            else{
                swprintf(str, L"结果：%dA%dB", x, y);
                TextOut(hdc, 80, 20, str, wcslen(str));
            }
        }
        EndPaint(hWnd, &ps);
        break;
```

该游戏的执行结果如图 4-3 所示，程序中的 if 和 switch 分支结构分别用于处理不同的程序流程。代码中还出现了循环、数组等后续章节才会学习的内容，读者可以先忽略这些细节。

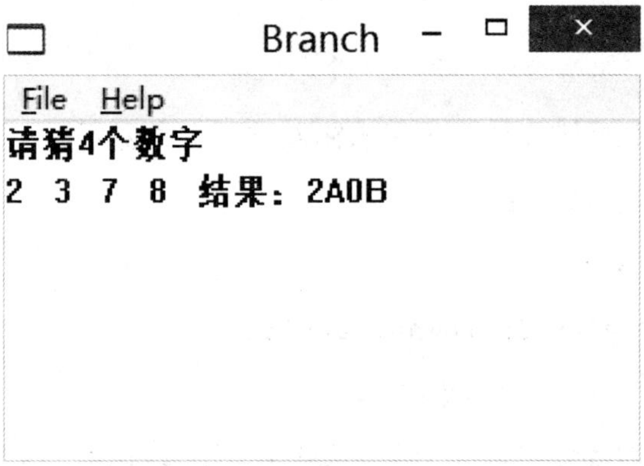

图 4-3 猜数字游戏运行结果

4.5 小结

本章主要介绍了使用 if、switch 和 goto 语句实现程序分支结构的方法，其主要思想是依据待判断表达式的取值，决定程序进入哪个流程。选择结构是程序设计中最常用的结构，读者应该熟练掌握。本章还通过猜数字游戏对选择结构程序进行实践，该游戏程序中出现了大量依据用户输入，或者依据程序不同状态进行分支处理的情况。

上机练习题

本章中给出的猜数字游戏只支持待猜测的 4 个数字都是不同数字的情况，请读者尝试修改为支持重复数字的模式，并为游戏增加计分系统。

第 5 章　循环结构程序设计

要点提示

除了第 4 章介绍的选择结构以外，计算机很多时候还需要重复执行若干次具有一定规律的程序指令，这时就需要用到循环结构。

C 语言中的循环通常使用条件表达式来进行控制，每次执行循环体中的语句都需要判断控制表达式的值，只有在表达式为真的情况下才继续执行循环语句。

本章要点是学习 C 语言支持的 3 种循环控制语句：while 语句、do 语句和 for 语句。在循环过程中，使用 continue、break 和 return 进行循环跳转控制也是本章学习的要点。

5.1　while 语句

while 语句可以算是 C 语言中最简单的循环控制语句了，它的格式如下：

```
while (表达式 P)
    循环体语句 A;
```

while 语句的执行流程如图 5-1 所示，当程序执行到 while 语句时，首先判断表达式 P 是否为真，是的话则执行循环体内的语句 A，接着进入下一次循环；否则循环结束。需要注意的是，在 C 语言中，只有 0 是假，其他数都是真。因此，while 的循环控制表达式只有在等于 0 的情况下，循环才会结束。

举一个 while 循环程序片段的例子：计算 1+2+3+……+10 的结果。

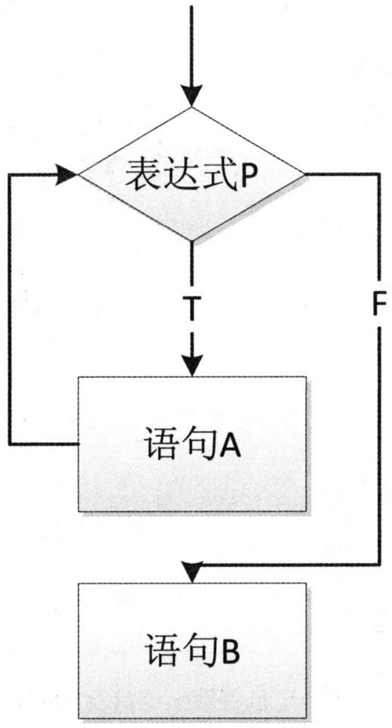

图 5-1　while 语句的程序流程

```
int i = 1, sum = 0;
while (i <= 10) {
    sum += i;
    i++;
}
```

上例中，由于只有在变量 i 小于等于 10 的情况下才执行循环体内的累加语句，所以，最终得到的变量 sum 就是从 1 加到 10 的结果。

当浮点数出现在循环控制表达式中时，要特别注意，比如下面的例子：

```
float x = 0.1;
while (x != 1.1) {
    printf("x = %f\n", x);
    x = x + 0.1;
}
```

因为浮点数存储有误差，大部分十进制小数都不能用二进制浮点数来精确表示。比如变量为小数 1.1 时，其存储值实际为 1.1000001，程序并不能保证运算时 x 的值有一个时刻正好等于 1.1，因此这个循环终止条件可能永远无法达到，导致程序进入死循环。出现这种情况时，可以使用整型计数器来解决：

```
    float x = 0.1;
    int n = 0;
    while (n<10) {
        printf("x = %f\n", x);
        x = x + 0.1;
        n++;
    }
```

5.2 do 语句

do 语句和 while 语句类似，它们关系密切，甚至本质上就是一样的。不同的是，do 语句首先执行循环体内的语句，然后才进行循环控制表达式的计算，所以 do 循环至少会执行一次循环体内的语句。do 语句也被称为 do-while 语句，其一般形式如下：

```
do
    循环体语句 A;
while(表达式 P);
```

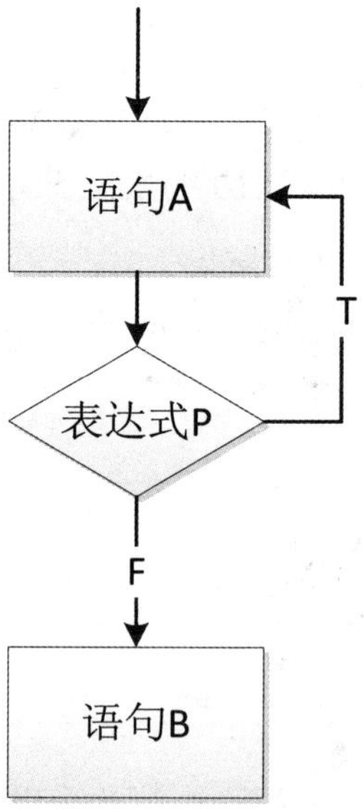

图 5-2 do 语句的程序流程

do 语句的程序流程如图 5-2 所示，程序首先执行循环体语句 A，然后判断循环控制表达式 P 的值，如果为真，则继续执行循环体语句 A；否则退出循环。

在介绍 while 语句时所举的从 1 加到 10 的例子可以较容易地用 do 语句表示：

```
int i = 1, sum = 0;
do{
    sum += i;
    i++;
} while (i <= 10);
```

do 语句和 while 语句很相似，区别只是前者至少执行一次循环体语句。因此，可以将 do 语句用 while 语句表示，比如下面这个例子：

```
int i = 1;
do{
    printf("%d\n",i);
    i++;
} while(i<1);
```

可以通过让循环体语句直接在前面执行一次的方法，转换为 while 循环结构，代码如下：

```
int i = 1;
printf("%d\n",i);
i++;
while(i<1){
    printf("%d\n",i);
    i++;
}
```

但将 while 语句转化为 do 语句时需要多加注意，下面的 while 循环程序片段就无法直接转换为 do 语句循环，因为这个程序片段中的循环体语句并未被执行。

```
int i = 1;
while(i<1){
    printf("%d\n",i);
    i++;
}
```

另外，在编写 do 语句时，建议将循环语句用大括号括起来，并且将后面跟着的 while 循环判定直接放在大括号后面，就像前面给出的例子那样。这样做的目的是为了防止误将 do 语句中的 while 循环控制当作是 while 语句的开始。

5.3 for 语句

for 语句是更加明确地用计数方式进行循环的程序结构，前面介绍的两种循环结构同样可以使用 for 语句来实现，其执行流程如图 5-3 所示。

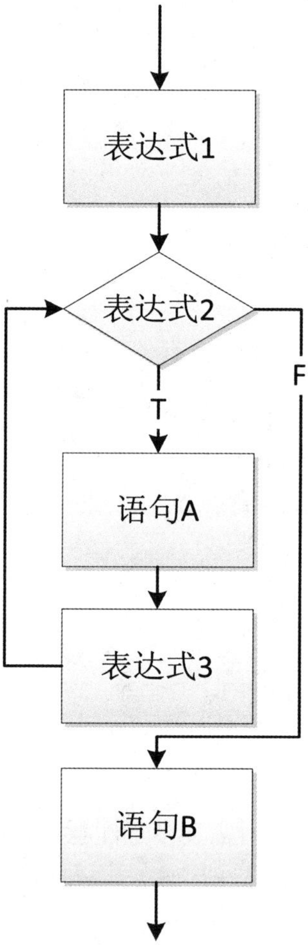

图 5-3 for 语句的程序流程

下面是 for 语句的一般格式：

```
for(表达式 1; 表达式 2; 表达式 3)  循环体语句 A;
```

for 语句的执行过程可以用伪代码表示如下：

S1：求解表达式 1。

S2：求解表达式 2，若其值为真，则执行 for 语句中指定的循环语句，然后执行下面第 3 步；若其值为假，则结束循环，转到第 5 步。

S3：求解表达式 3。

S4：转回上面第 2 步继续执行。

S5：循环结束，执行 for 语句下面的语句。

其中，表达式 1 一般用于给循环控制变量或其他变量赋初值；表达式 2 返回一个逻辑值，用于控制循环是否继续；表达式 3 一般用于给循环控制变量进行赋值。这 3 个表达式之间用分号隔开。下面的程序片段使用 for 语句实现从 1 到 10 的累加求和：

```
int sum = 0;
for (int i = 1; i <= 10; i++)
    sum += i;
```

相比于前面介绍的 while 语句和 do 语句，使用 for 语句实现这个递加功能的代码更加紧凑。

对于 for 语句的一般形式，可以用如下 while 语句来实现：

```
表达式 1;
while(表达式 2){
    循环语句 A;
    表达式 3;
}
```

for 语句中的 3 个表达式都是可选的，这 3 个表达式中任何一个或多个都可以省略，但它们之间的分号不能省略。比如也可以用下面的程序片段实现从 1 到 10 的累加求和。

```
int sum = 0, i = 1;
for (; i <= 10;)
    sum += i++;
```

5.4　注意事项

除了前面介绍的这 3 种循环控制语句之外，在第 4 章中讨论的 goto 语句也可以用于循环结构。比如上面多次举例的递加问题也可以用 goto 语句实现：

```
    int sum = 0, i = 1;
loop:
    sum += i++;
    if (i <= 10)
        goto loop;
```

然而，正如第 4 章介绍 goto 语句时提到的那样，由于 goto 语句会使程序跳转混乱，导致层次不清，且不易读，所以使用时应小心谨慎。

概括起来，C 语言有 4 种循环语句：while 语句、do 语句、for 语句和 goto 语句。4 种循环语句可以互相代替，但一般不提倡用 goto 语句。这几种循环语句也可以嵌套使用，比如下面的程序片段通过 for 语句的嵌套使用，输出九九乘法表：

```
    int i, j;
    for (i = 1; i <= 9; ++i) {              // 外循环控制输出行数
        for (j = 1; j <= i; ++j) {          // 内循环控制输出列数
            printf("%d\t", i * j);          // 输出乘积
        }
        printf("\n");                       // 换行
    }
```

下面的程序片段利用 for 和 while 语句嵌套，输出从 2 到 100 的素数：

```
    int i = 2, j;
    int p = 1;
    while(i<100) {
        p = 1;
        for(j=2; j <= (i/j); j++)
            if(!(i%j)) p = 0;
        if(p)
            printf("%d is prime\n", i);
        i++;
    }
```

使用循环结构时，需要特别注意的是，如果代码有误，或循环控制表达式不合理，会导致死循环或其他不可预料的情况发生。比如下面的代码片段：

```
int s=36;
while(s);
    --s;
```

本来期望在循环过程中对 s 的值进行递减，直到减为 0。但由于 while 语句之后误添加了分号，这意味着完整的 while 语句结束，后面的递减操作成为 while 循环结构之外的语句，并不属于这个 while 循环。因此，s 的值并不会发生变化，循环控制表达式永远为真，循环体为空语句的 while 循环也将永远不会结束。

再比如下面的代码片段：

```
int k=10;
while(k=10)
    k=k+1;
```

本来期望执行一次 while 循环结构内的语句，然后就退出循环。但此处 while 的循环控制表达式有误，正确写法是“k==10”，表示判断 k 的值是否为 10。而在此处误写为“k=10”，变成一个赋值表达式，表达式的值为等号右边的数 10。由于在 C 语言中，除 0 外，其他数值都为真，因此，这个循环也是死循环，无法结束。

5.5　跳转指令

虽然使用前面介绍的 4 种循环控制语句可以实现灵活的循环结构控制，然而很多情况下，系统可能要求使用更加灵活的循环结构控制，比如在循环语句执行过程中直接跳出当前循环，而不依赖循环控制表达式，在这种情况下就需要用到跳转指令。

C 语言支持的跳转指令有 continue、break、return 和 goto。接下来，主要介绍 continue、break 和 return 控制的跳转。这 3 种方式的跳转“力度”逐级递增：continue 会结束本次循环，直接进入下次循环；break 会结束当前循环，进入当前循环之后的程序；而 return 则会结束当前函数，跳转到函数被调用位置之后的程序中。

我们通过下面的函数来说明 continue、break 和 return 3 种控制语句对程序流程的影响。

```
void Fun(int n)
{
    int i = 0;
    while(++i < 10)
```

```
    {
        if(i%n == 0)
        {
            控制语句;    // 分别使用 continue、break 和 return
        }
        printf("%d\t", i);
    }
    printf("\nSucceed!");
}
```

在 main 函数中，使用 Fun(3)调用上面的函数，控制语句分别使用 continue、break 和 return，输出结果如表 5-1 所示。

表 5-1　不同控制语句的程序输出结果

控制语句	输出结果
continue	1　　2　　4　　5　　7　　8 Succeed!
break	1　　2 Succeed!
return	1　　2

从表 5-1 可以看出，如果使用 continue 跳转，则循环过程只是将能被 3 整除的数跳过不输出；使用 break，遇到第一个能被 3 整除的数，就退出循环，继续执行循环后面的语句；而使用 return，则会直接结束函数调用，后面的语句都不会被执行。

5.6　分形绘制

分形（Fractal）一词，是由 IBM 研究室的数学家曼德博（Mandelbrot，1924～2010）提出的，原意是不规则、支离破碎。分形几何学是一门以非规则几何形态为研究对象的几何学。按照分形几何学的观点，一切复杂对象虽然看似杂乱无章，但它们具有相似性。简单地说，分形几何学就是把复杂对象的某个局部进行放大，其形态和复杂程度与整体相似。

分形依据对象表现出的精确自相似性、半自相似性和统计自相似性可以分成多种类型。接下来要介绍的曼德博集合，属于逃逸时间分形。这类分形由空间（如复平面）中每一点的递推关系式所定义，类似的分形系统还有朱利亚集合、火烧船分形、新分形和李奥普诺夫分形等。

新建一个 Win32 工程，在主程序文件的开始部分，加入以下几个常变量，用于确定某些程序中要用的参数。

```
const int iXmax = 600;
const int iYmax = 600;
const double CxMin=-2.5;
const double CxMax=1.5;
const double CyMin=-2.0;
const double CyMax=2.0;
const int IterationMax=200;
const double EscapeRadius=2;
```

我们主要在消息处理函数 WndProc 的绘制消息响应中完成对曼德博集合分形系统的绘制。

```
    case WM_PAINT:
        {   // 添加大括号,使内部的变量初始化赋值编译通过
            hdc = BeginPaint(hWnd, &ps);
            int iX,iY;
            double Cx,Cy;
            double PixelWidth= (CxMax-CxMin)/iXmax;
            double PixelHeight;
            PixelHeight = (CyMax-CyMin)/iYmax;
            COLORREF color;
            double Zx, Zy;
            double Zx2, Zy2;
            int Iteration;
            double ER2;
            ER2 = EscapeRadius*EscapeRadius;
```

```
    // 依据曼德博集合计算原理,获取每个像素的属性
    for(iY=0;iY<iYmax;iY++)      // 循环每一行
    {
        Cy=CyMin + iY*PixelHeight;
        if (fabs(Cy)< PixelHeight/2) Cy=0.0;
        for(iX=0;iX<iXmax;iX++) // 循环每一列
        {
            Cx=CxMin + iX*PixelWidth;
            Zx=Zy=Zx2=Zy2=0.0;
            Iteration=0;
            // 针对每个像素进行循环计算
            while (Iteration<IterationMax && ((Zx2+Zy2)<ER2))
            {
                Zy=2*Zx*Zy + Cy;
                Zx=Zx2-Zy2 + Cx;
                Zx2=Zx*Zx;
                Zy2=Zy*Zy;
                Iteration++;
            }
            if (Iteration==IterationMax)
                color = RGB(0, 0, 0);       // 前景色,黑色
            else
                color = RGB(255, 255, 255); // 背景色,白色

            SetPixel(hdc, iX, iY, color);
        }
    }
    EndPaint(hWnd, &ps);
    break;
}
```

这段程序用到了 for 循环和 while 循环，并且使用了它们之间的嵌套。这段程序主要是在画布上利用两个 for 循环的嵌套，判断每个像素点的信息。像素点的信息取决于它所处的位置，利用曼德博集合计算原理，判断其是前景还是背景。在本程序中，所有的前景像素被设置为黑色，背景像素被设置为白色。该程序的执行结果如 4 所示。

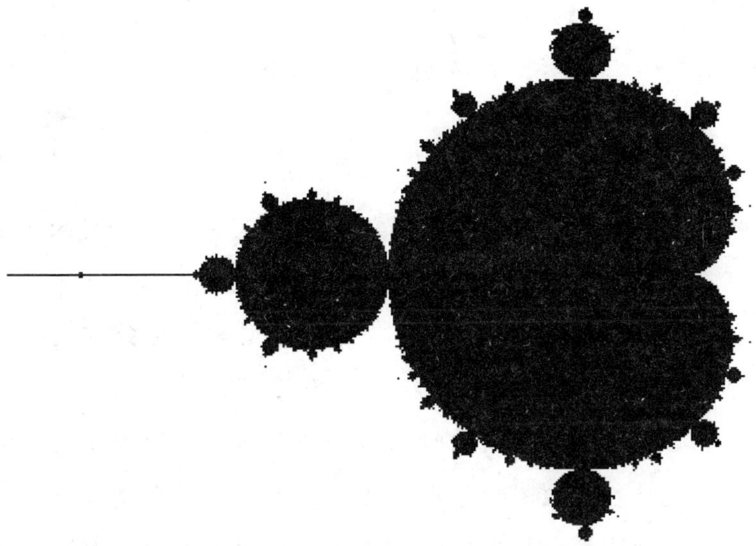

图 5-4　曼德博集合的绘制结果

5.7　小结

本章主要介绍了如何使用 while、do、for 和 goto 语句实现循环结构控制，并介绍了在程序结构中如何使用 continue、break 和 return 进行跳转控制。循环结构是 C 语言程序设计中最重要的基本结构之一，我们需要不断练习、体会这些循环控制语句的特点及使用方法。在练习阶段，我们使用了一个绘制分形图像的例子说明循环结构的用法。

上机练习题

请读者仔细体会“分形绘制”程序中的循环控制结构，并在这个例子的基础上实现其他分形系统。

第 6 章　函数及模块化程序设计

要点提示

通过前面章节的学习，我们基本掌握了 C 语言程序开发的方法，已经能够编写出具有一定复杂性的程序了。但是，当程序规模增大后，把所有代码都写在 main 函数中，会使主函数变得过于庞杂、头绪不清，对其进行有效维护就会变得十分困难。在这种情况下，我们需要应用模块化程序设计思想，将一个大的程序按功能分割成一些小模块，各模块相对独立、功能单一、结构清晰、接口简单。通过分割模块的方式，可以控制程序设计的复杂性，有利于分工合作，避免程序开发的重复劳动，易于维护和扩充功能。这些相对独立的功能模块就是函数，利用函数可以对程序进行更加清晰的组织管理。

本章的要点是学会编写并调用函数，理解跟函数有关的参数、局部变量的概念，掌握递归函数的编写方法。

6.1　函数定义

在前面的章节中，其实已经多次碰到过关于函数的内容了。比如 C 语言程序的入口 main 函数，以及调用的 VC 自带的库函数，如 printf 和 getchar 函数等。接下来，我们讨论如何自己定义具备特定功能的函数。

一个典型的程序工程可以用图 6-1 表示，工程逐层细化，一直到函数级别。从中可以看出，一个程序工程可能包含多个子工程，每个子工程又包含多个源程序文件，每个源程序文件由一个或多个函数以及其他有关内容（如预处理指令、数据声明与定义等）组成。对于较大的程序，这种层次化的工程管理方法，便于分别编写、分别编译，能提高调试效率。需要注意的是，在程序编译时是以源程序文件为单位进行编译的，而不是以函数为单位进行编译的。

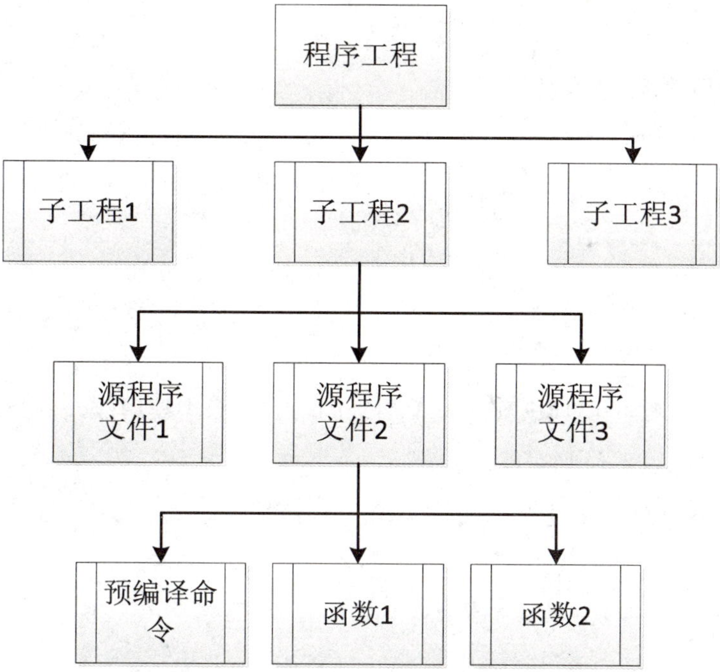

图 6-1　程序工程的结构

函数的英文单词是“function”，其实更加准确的解释是“功能”。函数就是 C 语言程序中的功能单元，一般都具有明确用途，能够解决某个具体问题。比如 main 函数，其功能是程序的入口；调用的 printf 函数功能是向输出设备格式化输出字符串；scanf 函数则是从键盘接收用户的输入。这些函数都有明确的功能，这也是我们在编写函数时需要坚持的原则。

C 语言程序的执行是从 main 函数开始的，如果在 main 函数中调用其他函数，在调用后流程会返回到 main 函数，在 main 函数中结束整个程序的运行。所有函数都是平行的，即函数定义是分别进行的，是互相独立的。一个函数并不从属于另一个函数，即函数不能嵌套定义。函数间可以互相调用，但 main 函数不能被其他函数调用，main 函数是由操作系统调用的。在程序中用到的所有函数，必须“先定义，后使用”。

函数定义的一般格式如下：

```
返回值类型 函数名(形式参数)
{
    函数内容
}
```

如果函数没有返回值，那么应声明为 void 类型。接下来，通过一个示例说明函数的定义方法。

要求采用函数的形式输出以下内容：

****

Game developing is interesting!

****

So why not study it?

****

当然，该题目完全可以使用前面章节学到的内容，在不使用额外函数的情况下，通过在 main 函数中输入以下代码实现：

```
for (int i = 0; i < 32; i++)
{
    printf("*");
}
printf("\n");
printf("Game developing is interesting!\n");
for (int i = 0; i < 32; i++)
{
    printf("*");
}
printf("\n");
printf("So why not study it?\n");
for (int i = 0; i < 32; i++)
{
    printf("*");
}
printf("\n");
```

然而，通过观察这段代码可以发现，其中的很多内容有重复，存在复制粘贴代码的情况，比如三处出现的打印 32 个星号的代码就完全相同。有些代码虽然不完全相同，但也很相似，具有一定的规律性，比如两处输出特定文字的部分除了函数参数外，其他都相同。

在这种情况下，就需要考虑将具有特定功能的代码封装为函数的形式，以便代码维护。因此，可将打印特定数目星号和特定文字的两个函数分别实现如下：

```
void PrintStars(int num)
{
    for (int i = 0; i < num; i++)
    {
        printf("*");
    }
    printf("\n");
}
void PrintString(char *str)
{
    printf("%s\n", str);
}
```

在主函数中，只需要依次调用这两个函数即可。

```
    PrintStars(32);
    PrintString("Game developing is interesting!");
    PrintStars(32);
    PrintString("So why not study it?");
    PrintStars(32);
```

在这两个函数中，分别使用了整型和字符串类型的形式参数。这两个函数都具有明确的功能，分别用于输出参数给定的星号以及文字。

6.2　函数调用

从前面的代码示例也可以看出，相比于函数定义，函数的调用要简单一些，其一般形式为：

```
函数名(实际参数表)
```

函数调用就是通过召唤某个函数，赋予其特定的参数，来完成对应的程序功能。在调用时，即便函数没有参数，括号也不能省略，只不过括号内无实际参数。按照函数被调用时出现的位置，可以将函数调用分为以下三种。

（1）函数语句

函数调用的一般形式加上分号即构成函数语句。前面出现的对 PrintStars 和 PrintString 函数的调用都是这种形式。

（2）函数表达式

函数作为表达式中的一项，以函数返回值参与表达式的运算。比如下面的代码片段就是一个赋值表达式，它将 max 函数调用的返回值赋值给变量 z。

```
z = max(x, y)
```

（3）函数实参

函数实参就是函数调用作为另一个函数调用的实际参数出现。比如下面的程序片段，把 max 调用的返回值又作为 printf 函数的实参来使用。

```
printf("%d", max(x, y));
```

被调用函数必须是已经定义的函数（由库函数或用户自己定义的函数）。如果函数在其调用之后被定义，或者调用其他文件中的函数及库函数，则应该在调用之前对函数进行声明。函数声明和使用变量之前要进行变量声明是一样的，其一般形式为：

```
返回值类型 函数名(形式参数);
```

括号内的形式参数列表可以给出形参类型和形参名，也可以只给出形参类型。

另外一种更加常用的方式是将函数声明集中存放在扩展名为 h 的头文件中，在需要使用这些函数的程序文件中，将对应的头文件包含进去即可。即将函数定义放在程序源文件中，而将这些函数的声明统一放入对应的头文件中，作为开放给其他文件使用的接口。在使用这些函数的文件中包含这些头文件，即可达到对函数声明的目的。

包含头文件使用#include预处理指令，它的作用是在指令处展开被包含的文件。包含可以是多重的，也就是说一个被包含的文件中还可以包含其他文件。

包含命令中的文件名可以用尖括号括起来，也可以用双引号括起来。用尖括号表明，预处理程序将在编译器指定的包含路径中搜索被包含的头文件；用双引号表明，预处理程序首先在当前被编译的工程所在路径中搜索被包含的头文件，如果找不到，再搜索编译器指定的包含路径。

可将上面提到的两个函数定义 PrintStars 和 PrintString 放到新建的源代码文件中（可以命名为 Functions.cpp），而将这两个函数的声明放入新建的头文件中（可以命名为 Functions.h），最后将这两个文件包含到程序工程中。当 main 函数所在的主程序源文件需要使用这两个函数时，只需要在文件开头使用下面的预处理指令将其包含到文件中即可。

```
#include "Functions.h"
```

6.3　函数参数

函数参数分为形式参数和实际参数两种：定义函数时，函数名后面括号中的变量为“形式参数”（简称“形参”）；调用函数时，函数参数列表中出现的是“实际参数”（简称“实参”），实参可以是常量、变量或表达式。在调用函数的过程中，系统会把实参的值传递给被调用函数的形参。也就是说函数调用时，参数采用的是值传递的形式。形参从实参得到一个值，该值在函数调用期间有效，可以参加被调函数中的运算。在函数内对形参的值进行修改，只会影响形参，而形参是函数内的局部变量，对于外部的实参变量不起作用。

接下来，通过一个例子说明函数调用时参数的值传递规则：编写一个函数，要求用户输入两个整数，交换这两个用户输入的整数值，并输出。如果没有考虑到函数在调用时，参数传递采用的是值传递方式，有可能错误地将交换函数写成如下形式：

```
void Swap(int x, int y)
{
    int t = x;
    x = y;
    y = t;
}
```

在 main 函数中进行如下调用：

```
    int i, j;
    scanf("%d%d", &i, &j);
    printf("Input numbers: i=%d, j=%d\n", i, j);
    Swap(i, j);
    printf("Swapped numbers: i=%d, j=%d\n", i, j);
```

程序的运行结果为：

5 10

Input numbers: i=5, j=10

Swapped numbers: i=5, j=10

从运行结果可以看出，该段程序并没有达到预期的效果，即并没有完成对用户输入的两个整数的交换。产生错误的原因就在于，在使用 Swap(i, j)进行函数调用时，实际参数 i 和 j 会将值（用户输入为 5 和 10）分别赋给形参 x 和 y。然后，形参和实参会脱离关系，函数内部对两个参数进行交换，只会影响到形参 x 和 y 的值，而不会对外部变量 i 和 j 产生任何影响。因此，函数调用的结果并不能如预期般对 i 和 j 两个变量的值进行交换。

那么，如何用函数调用的方式交换两个变量的值呢？在没有学习后续知识前，确实不太容易办到。当学习了指针的概念之后，可以将函数参数类型修改为指针。函数调用时，传递的是外部变量的内存地址。在函数内部则可以通过内存地址访问外部变量，从而达到对外部变量进行修改的目的。关于指针的内容本书将在第 11 章进行详细介绍。

和参数值传递类似，函数的返回值也是值传递。由于函数内部的变量是临时分配的，返回完毕以后被销毁。所以，当函数内部定义的变量作为返回值返回后，在外部对它的修改将不起作用。然而，当学习到后续的动态内存分配时，会发现函数内部的变量也可以采用动态内存分配的方式，在外部对这个动态分配的地址对应的变量进行修改。除非编写者使用内存释放函数将其销毁，否则动态分配的内存将一直存在。

函数的返回值是通过 return 语句获得的。一个函数中可以有一个以上的 return 语句，执行到哪一个 return 语句，哪一个就起作用，函数调用到此结束。

下面的函数通过返回值的方式，将参数给定的两个整数中较大的值返回。

```
int max(int x, int y)
{
    int z = x;
    if (y > x)
        z = y;
    return z;
}
```

因此，可以在 main 函数中调用这个函数，得到用户输入的两个整数中的较大值：

```
    int i, j;
    scanf("%d%d", &i, &j);
    printf("Max number is:%d\n", max(i, j));
```

6.4　递归函数

在调用一个函数的过程中又直接或间接地调用该函数本身，称为函数的递归调用。递归函数的思想有利于把复杂问题进行分解，直到分解为最基本问题，通过最基本问题的倒推，可以解决原来的复杂问题。

接下来，通过一个简单的例子说明递归函数的用法：用递归函数的方式，求一个数的阶乘。

一个数 n 的阶乘公式为：

n!=1×2×3×...×n

通过递归思想，将阶乘的问题进行分解，一个数的阶乘其实可以表示为：

n!=(n-1)!×n

即一个数的阶乘是比它小 1 的数的阶乘和这个数的乘积。以此规律往下推，只要找到一个容易解决的最基本问题，原来的问题即可解决。由于规定 0! = 1，因此对 0 求阶乘可以看成是该问题的最基本问题。求一个数阶乘的递归函数则可以表示如下：

```
int Factorial(int n)
{
    if (0 == n)
        return 1;
    return (n * Factorial(n-1));
}
```

在主函数中，利用下面的代码片段，可以实现对用户输入的整数求取阶乘。

```
    int i = 0;
    scanf("%d", &i);
    printf("The factorial of %d is: %d", i, Factorial(i));
```

接下来，介绍一个更经典的递归函数的例子——汉诺塔问题。汉诺塔问题指的是古代有一个梵塔，塔内有 A、B、C 3 个座，开始时 A 座上有 64 个盘子，盘子大小不等，大的在下，小的在上。有一个老和尚想把这 64 个盘子从 A 座移到 C 座，但规定每次只允许移动一个盘子，且在移动过程中 3 个座上都需要始终保持大盘在下，小盘在上，在移动过程中可以利用 B 座。要求编写程序输出移动盘子的步骤。

我们还是以递归思想来分析这个问题：每次移动一个盘子，并且保证每一时刻、每个座上的盘子都符合上小下大的原则，程序目的是将所有 N 个盘子以 B 为中介，从 A 移动到

C 上。首先，假定已经解决了以 C 为中介，将 N-1 个盘子从 A 移动到 B 上的问题。然后，可以直接将最后一个盘子从 A 移动到 C。最后，再利用已经实现的方法，将 N-1 个盘子以 A 为中介，从 B 移动到 C 上。观察这个分析过程可以发现，移动最后那个盘子是最基本问题，而 N 个盘子可以分解为移动 N-1 个盘子的问题组合。因此，利用递归函数可以将这一思想实现如下：

```
void Hanoi(int num, char A, char B, char C)
{
    if (1 == num)
        Move(A, C);
    else
    {
        Hanoi(num-1, A, C, B);
        Move(A, C);
        Hanoi(num-1, B, A, C);
    }
}
```

其中，Move 函数表示将某个塔最顶端的盘子直接移动到另外一个塔上。

```
void Move(char from, char to)
{
    printf("Move from %c to %c\n", from, to);
}
```

我们用一个形象的比喻来总结递归函数的规律：要编写一个函数，制作斧子。制作斧子主要分为两步：打制斧头和削制斧柄。假设打制斧头比较容易实现，而削制斧柄的过程仍然需要用斧子来对木头进行加工，但斧子制造函数还没有完成，手头并没有斧子。在这种情况下，可以将问题分解：在削制斧柄的时候，可以使用小一号的斧子。以此类推，直到斧子小到一定程度，这时候斧柄可以不用削制，直接拿木头过来就行。这样再倒推，使用这个最小号斧子削制斧柄，来制作大一号的斧子，用这个大一号的斧子再制造更大的斧子，直到最终需要的斧子被制造出来。使用递归思路，实现了原本看起来有悖论的用斧子制造斧子的函数功能。

6.5　和函数有关的变量

关于变量的问题我们已经在第 2 章中进行了讨论，因此这部分只讨论和函数有关的变量。

从变量的作用域的角度来观察，变量可以分为全局变量和局部变量：在函数内部定义的变量，只在本函数范围内有效，是局部变量；在函数外部定义的变量，可以被本文件内的所有函数使用，是全局变量。

每一个变量和函数都有两种属性：数据类型和数据的存储类别。数据类型有整型、浮点型等；存储类别指的是数据在内存中存储的方式，包括自动的、静态的、寄存器的、外部的等。

当使用静态存储类型声明函数局部变量时，表明该局部变量占用的存储单元不释放，在下一次再调用该函数时，该变量保持上一次函数调用结束时的值，这时用关键字 static 对变量进行声明。

有时在程序设计中希望某些外部变量只限于被本文件引用，这时可以在定义外部变量时加一个 static 声明。声明局部变量的存储类型和声明全局变量的存储类型的含义是不同的。对于局部变量来说，声明存储类型的作用是指定变量存储的区域，它会影响变量的生存期；而对于全局变量来说，声明存储类型的作用仅影响变量的作用域。

函数的定义和声明默认情况下是 extern 的，在函数的返回类型前加上关键字 static，函数就被定义为静态函数。静态函数只在声明它的文件当中可见，不能被其他文件调用。由于这样的函数只能被本文件中其他函数所调用，因此也称为内部函数。函数被定义为静态函数的好处是，有利于对某些函数进行私密性保护。同时，其他文件中可以定义相同名字的函数，不会发生冲突。

6.6　吃砖块游戏

我们通过一个吃砖块游戏，讨论本章介绍的函数的用法。在吃砖块游戏中，玩家控制一个砖块在屏幕上移动，系统在随机位置生成待消灭的砖块。玩家控制砖块移动到系统生成的砖块处得分，游戏按照分数高低评判玩家的级别。

我们在 VC 中新建一个 Win32 工程，在主文件中，定义以下几个函数，完成函数前面的注释给出的功能。

```
// 在窗口范围内随机生成一个位置
int RandPos()
{
    return rand()%501;
}
// 在指定位置绘制一个砖块
//@hdc 绘制设备句柄
//@x y 绘制位置
//@s 砖块大小
//@bPlayer 标记是否为玩家砖块
void DrawBrick(HDC hdc, int x, int y, int s, int bPlayer)
{
    HBRUSH brush;

brush=bPlayer?CreateSolidBrush(RGB(255,0,0)):CreateSolidBrush(RGB(0,255,0)
);
    RECT rc;
    rc.top = y-s/2;
    rc.left = x-s/2;
    rc.bottom = y+s/2;
    rc.right = x+s/2;
    FillRect(hdc, &rc, brush);

    DeleteObject(brush);
}
// 判断两个同样大小的砖块是否在空间上重叠
//@参数分别是两个砖块的位置以及大小
int IsCollider(int x1, int y1, int x2, int y2, int s)
{
    if (x1+s < x2 || x1-s > x2)
```

```
        return 0;
    if (y1+s < y2 || y1-s > y2)
        return 0;
    return 1;
}
```

我们也需要在主文件中定义以下几个全局变量，以便保存程序执行时需要频繁修改或者多处访问的信息。

```
// 全局变量
// 调用随机位置函数,随机生成玩家砖块和其他砖块的位置
int xP=RandPos(), yP=RandPos(), xE=RandPos(), yE=RandPos();
const int size = 20;          // 砖块大小
int score = 0;                // 记录玩家得分
```

在游戏的消息循环处理函数 WndProc 中，我们依旧关心两个消息：一个是玩家使用按键交互的消息，另一个是实时绘制消息。

```
    case WM_KEYDOWN:
        // 让窗口变为无效,从而触发重绘消息
        InvalidateRect(hWnd, NULL, TRUE);
        switch(wParam)  // 玩家控制砖块进行上下左右移动
        {
        case VK_LEFT:
            xP -= xP<0?0:10;
            break;
        case VK_RIGHT:
            xP += xP>500?0:10;
            break;
        case VK_UP:
            yP -= yP<0?0:10;
            break;
        case VK_DOWN:
            yP += yP>500?0:10;
```

```
            break;
        }
        if (IsCollider(xP, yP, xE, yE, size))
        // 如果玩家砖块和敌人位置重叠,则得分,并重新分配敌人位置
        {
            score++;
            xE = RandPos(), yE = RandPos();
        }
        break;
```

上面的代码是在玩家按下按键时，判断玩家是否按下方向键，如果是，则移动玩家砖块至相应位置。移动完成后，判断玩家砖块是否与敌人砖块重叠，如果是，则得分，并随机生成一个新的敌人砖块。

另外一个重要的消息是绘制消息，在这个消息里面完成对游戏画面内容的实时绘制，包括游戏画面和得分信息。

```
    case WM_PAINT:
        hdc = BeginPaint(hWnd, &ps);
        WCHAR str[16];
        swprintf(str, L"你的得分: %d", score); // 屏幕输出得分
        TextOut(hdc, 0, 0, str, wcslen(str));
        DrawBrick(hdc, xE, yE, size, 0);        // 绘制敌人砖块和玩家砖块
        DrawBrick(hdc, xP, yP, size, 1);
        EndPaint(hWnd, &ps);
        break;
```

该游戏的运行画面如图 6-2 所示。该游戏中使用了三个自定义函数，具有不同返回值类型，而且参数类型也有区别。除了这三个自定义函数外，游戏程序中还使用了大量第三方库函数，比如 TextOut 等。

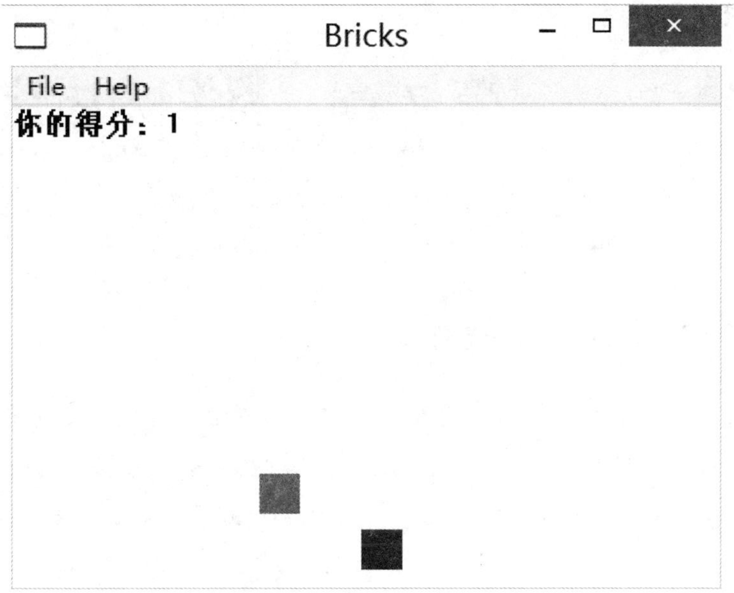

图 6-2　游戏运行画面

6.7　小结

本章介绍了程序功能模块——函数的相关内容。通过函数的返回值和参数，可以区分不同类型的函数。C 语言支持递归函数，它有利于我们对复杂问题进行分解。我们还通过一个吃砖块的小游戏，演示了各种不同类型函数的定义及使用方法。

上机练习题

本章的吃砖块游戏还存在很多待改进的地方，希望读者可以在这个程序基础上，增加或完善以下功能：

1.玩家砖块自动移动，不需要一直按着方向键；

2.增加失败条件；

3.修改为贪食蛇的操作模式，每个砖块吃完以后，会跟随玩家砖块移动。

第 7 章 数组和指针

要点提示

指针是 C 语言中最重要，也最难理解的一个概念。数组则是程序中组织相同类型变量的一种结构，利用循环语句可以很容易地对数组中的数据进行处理。本章的要点是数组和指针的概念、它们之间的关系，以及如何将数组和指针应用于函数中。

7.1 一维数组

数组(array)是由一系列相同类型的数据构成的有序集合。这些数据称为数组的元素，元素个数即为数组长度。在声明数组时，需要指定数组中元素的类型以及数组的长度。

```
元素类型 数组名[数组长度];
```

数组元素可以是 C 语言支持的任何类型，而数组长度必须是常量，以便编译器分配合适的存储空间。下面的程序片段是不同类型数组的声明：

```
#define STU_NUM 50
    int teacherID[10];
    int studentID[STU_NUM];
    float score[STU_NUM];
    char grade[STU_NUM];
```

方括号表明这些标识符都是数组而非其他普通变量。使用宏定义的常量 STU_NUM 来代表整数 50，而不直接使用整型数 50 作为数组长度是为了方便将来程序的维护：如果后续程序版本中需要修改数组长度的话，只需要在宏定义处修改即可，其他地方的代码无须变动。在数组声明时，可以同时对其进行初始化。比如下面的程序片段：

```
    int roomID[5] = {101, 102, 103, 104, 105};
```

这个初始化方法跟数学中的集合定义类似，大括号中的数据依次是有序集合中的元素。

虽然我们经常会提及某个数组的某些情况，但数组并不能被当作一个整体使用，我们只能对数组中的每个元素分别进行处理。从这个角度来看，数组只是一种为了方便数据管理，而将一系列相同类型的变量存储到相邻内存空间的方式。引用数组中元素的方法是利用数组下标，它表示该元素在数组中的位置。但需要注意的是，数组下标是从 0 开始计数的。这意味着数组中的第一个元素下标是 0，而最后一个元素的下标是数组长度-1。比如想得到数组 roomID 中的第一个和最后一个元素，可以利用数组下标通过 roomID[0]和 roomID[4]得到。数组下标不能等于或超过数组长度，即在引用数组元素时，下标范围是 0 到数组长度-1。

在初始化时，当给定的值个数小于数组长度时，数组中的后续元素会被赋予默认值。

```
int roomID[5] = {101, 102};
```

上面的代码片段会使得数组中的第一和第二个元素分别被赋值为 101 和 102，而剩余其他三个元素都会被赋予默认值 0。

除了上面介绍的数组初始化方法之外，由于数组也可以看作是普通变量的有序集合，因此还可以对数组元素分别赋值。比如下面的代码片段同样可以达到初始化赋值效果。

```
int roomID[5];
for (int i = 0; i < 5; i++)
    roomID[i] = 101+i;
```

从这个例子可以看出，由于数组是有序排列的相关变量的集合，因此可以灵活使用循环结构，对其元素进行处理。从这个例子还可以看出，数组元素下标从 0 开始也有利于程序的编写。在遍历数组中每个元素的 for 循环结构中，可以很方便地使用“i < 5”这样的下标变量小于数组长度的关系表达式对循环进行控制。

7.2　多维数组

在有些情况下，程序中需要组织的数据比较复杂。比如使用一维数组只能有效保存一个班级中的学生信息，如果有多个班级，就需要保存每个班级中的每个学生信息，如果有多个学校，情况则会更加复杂。保存这些复杂的信息需要用到维数更高的数组，上述两个问题可以分别使用二维和三维数组来解决。

```
#define SCH_NUM 2
#define CLS_NUM 3
```

```
#define STU_NUM 5
    // 某学校所有班级的学生信息
    int studentIDs[CLS_NUM][STU_NUM];
    float scores[CLS_NUM][STU_NUM];
    char grades[CLS_NUM][STU_NUM];
    // 所有学校的所有学生信息
    int allStudentIDs[SCH_NUM][CLS_NUM][STU_NUM];
    float allScores[SCH_NUM][CLS_NUM][STU_NUM];
    char allGrades[SCH_NUM][CLS_NUM][STU_NUM];
```

多维数组可以分层解读。比如 int studentIDs[CLS_NUM][STU_NUM]，这个数组声明首先解读类型 int，表明该多维数组中的元素类型为整型；接着解读 studentIDs[CLS_NUM]，表明多维数组名为 studentIDs，有 CLS_NUM 个元素；最后解读下一个中括号[STU_NUM]，表明 studentIDs 中每个元素是一个一维数组，长度为 STU_NUM。可以将这个二维数组 studentIDs 形象地表示为图 7-1 的形式，类似于矩阵，具有 CLS_NUM 行和 STU_NUM 列。一共存储 CLS_NUM×STU_NUM 个元素，每个元素可以采用两个下标的方式进行引用，这也类似于矩阵，不过下标应从 0 开始编号。

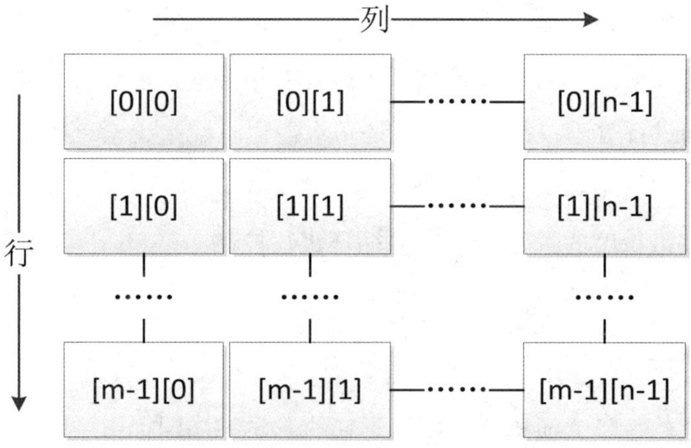

图 7-1　m 行 n 列的二维数组

虽然在图 7-1 中，二维数组看起来是以矩阵的方式进行存储的，但实际上，它们是按照行优先的顺序，逐行首尾连接存储的。

对多维数组进行初始化可以比照一维数组，有两种方法：一种是直接在数组声明时指定初始值；另一种是首先声明数组，然后遍历数组内的元素进行赋值。下面的程序片段展示了这两种多维数组初始化方法。

```
#define SCH_NUM 2
#define CLS_NUM 3
#define STU_NUM 5
    // 某学校所有班级的学生信息
    int studentIDs[CLS_NUM][STU_NUM] = {
        {1101, 1102, 1103, 1104, 1105},
        {1201, 1202, 1203, 1204, 1205},
        {1301, 1302, 1303, 1304, 1305}};
    // 所有学校的所有学生信息
    int allStudentIDs[SCH_NUM][CLS_NUM][STU_NUM];
    for (int i = 0; i < SCH_NUM; i++)
        for (int j = 0; j < CLS_NUM; j++)
        {
            int id = 1000 * (i+1)+ 100*(j+1);
            for (int k = 0; k < STU_NUM; k++)
                allStudentIDs[i][j][k] = ++id;
        }
```

7.3　指针变量

我们有必要从内存地址和指针的关系入手，引入指针的概念。可以把内存想象为一大片空地，程序员可以申请在这块空地上搭建不同类型的临时住房，每个住房有不同的门牌号，以便查找。在这个场景下，不同的住房用于存储程序中的不同变量，当然这些变量可能是临时变量，也可能是全局变量。这些住房的门牌号表示对应变量的内存地址，要对这些住房进行查找，就需要使用特殊的变量存储这些门牌号，这些特殊的变量就是指针变量，不同类型的指针变量可以存储对应类型变量的内存地址。

程序中的数据在内存中以二进制形式进行保存，不同数据类型占据的内存大小可能不同。程序中可以用 `sizeof` 来获取特定的数据类型，以及变量所占据的以字节为单位的内存大小。`sizeof` 看起来很像函数，但其实它是 C 语言中的运算符，读者可以在第 3 章中的运算符列表中找到它。

```
char c;
int char_size = sizeof(c);
int int_size = sizeof(int);
```

通过上面的代码片段，可以得到字符型变量 c 的内存长度是 1 字节，而整型 int 所占的内存长度是 4 字节。

指针变量的声明和前面学习的普通变量声明类似，都需要明确变量的类型。不同的是，指针变量名前面需要添加一个星号*，表示这是一个指针变量，而非普通变量。

```
类型名 * 指针变量名;
```

比如下面的代码片段分别声明了不同类型的指针变量：

```
char c;
char* cp = &c;
int* ip;
float *fp;
```

其中指针变量 cp 被赋予了初值——变量 c 的内存地址（使用取地址符&得到），在这种情况下，称指针 cp 指向变量 c。

在接触指针变量之前，程序中使用变量的方式称为直接存取，即直接使用变量名得到或修改变量值。而利用指针变量，可以通过“门牌号”（变量内存地址）找到并修改变量，这种通过地址寻找变量的方式称为间接存取。利用指针对变量进行间接存取的方法是在指针变量名前面添加星号运算符，表示这个指针变量所指向的变量。

```
c = 'P';          // 直接存取变量c
printf("%c\n", c);
*cp = 'Q';        // 间接存取变量c
printf("%c\n", c);
```

从上面的程序片段可以看出，由于指针 cp 指向变量 c，因此可以通过直接存取方式修改变量 c，也可以利用 cp，通过间接存取方式修改变量 c。

7.4 指针和数组

程序中使用的变量会按照变量类型在内存中分配相应的内存单元进行保存，分配的内存单元有唯一的编号，即内存地址。指针变量可以用于保存变量的内存地址，通过指针变量，可以间接存取这个地址对应的内存中的变量。

前面介绍的数组也和内存地址有密切关系。前面提到，数组名并不能代表整个数组，因为它其实是数组的首地址，即指向数组中第一个元素的指针。不过这个指针和普通的指针变量又有所区别，数组名其实是指针常量，数组名的值不能修改。由于数组中的元素在内存中依序相邻存储，因此知道了数组首地址，其他元素的地址也就不难得到了。通过内存地址，可以建立数组和指针之间的联系。

```
#define STU_NUM 5
    int studentIDs[STU_NUM] = {1101, 1102, 1103, 1104, 1105};
    int* p = studentIDs;
    for (int i = 0;i < STU_NUM; i++)
        printf("%d. ID: %d\nUse pointer, address: %d, ID(pointer):%d,
ID(array):%d\n", i+1, studentIDs[i], studentIDs+i,*(p+i), *(studentIDs+i));
```

上面的程序片段运行后可以得到以下输出：

1. ID: 1101

Use pointer, address: 16973284, ID(pointer):1101, ID(array):1101

2. ID: 1102

Use pointer, address: 16973288, ID(pointer):1102, ID(array):1102

3. ID: 1103

Use pointer, address: 16973292, ID(pointer):1103, ID(array):1103

4. ID: 1104

Use pointer, address: 16973296, ID(pointer):1104, ID(array):1104

5. ID: 1105

Use pointer, address: 16973300, ID(pointer):1105, ID(array):1105

这个例子说明，数组名实质上就是指针。和指针变量不同的是，我们不能在程序中修改数组名的值，但可以修改指针变量的值。上例中，由于整型指针变量 p 指向数组 studentIDs，这意味着 p 和 studentIDs 具有相同的值，都等于数组的首地址。因此可以采用数组下标的形式引用数组元素，比如 studentIDs[i]表示数组中下标为 i 的元素；还可以采用指针的形式进行引用，比如*(p+i)和*(studentIDs+i)也表示数组中下标为 i 的元素，p+i 和 studentIDs+i 实际上表示数组元素 i 的内存地址。

在指针指向数组元素时，允许对指针变量进行以下加减运算。

- 加一个整数，如 p+i 表示向后移动 i 个单位。数组和普通变量的一个区别就是数组中的元素是按序在内存中连续存储的。数组中的元素就像联排房，所以它们之间的房号也是相邻的，p+i 表示从 p 房号开始相邻的第 i 个房间。从前面的例子也可以看出，p+i 表示的是地址，假设 p 的值为 1000，p+1 的值取决于 p 的类型，如果 p 为整型，则 p+1 的值很可能是 1004，而非 1001。这是因为这个加法操作被解读为下一个单元，而下一个单元可能与 p 隔着 4 个字节。
- 减一个整数，如 p-i 表示向前移动 i 个单位。
- 自加运算，如 p++，++p，表示 p 指向下一个单位。
- 自减运算，如 p--，--p，表示 p 指向上一个单位。
- 两个指针相减，如 p1-p2 表示两个指针相隔的单位数，这只有在 p1 和 p2 都指向同一数组中的元素时才有意义。

在指针指向数组元素时，更复杂的情况是指向多维数组中的元素，多维数组的指针比一维数组的指针要复杂一些。要理解多维数组和指针的关系，首先要了解多维数组在内存中实际上是逐行存储的。我们以下面这个二维数组的存取为例，来说明指针和多维数组的关系。

```
#define CLS_NUM 3
#define STU_NUM 5
    int studentIDs[CLS_NUM][STU_NUM] = {
        {1101, 1102, 1103, 1104, 1105},
        {1201, 1202, 1203, 1204, 1205},
        {1301, 1302, 1303, 1304, 1305}};
```

要将其中的所有元素格式化输出，可以采用传统的下标引用方式：

```
    for (int i = 0; i < CLS_NUM; i++)
    {
        for (int j = 0; j < STU_NUM; j++)
        {
            printf("[%d,%d] = %d\t", i, j, studentIDs[i][j]);
        }
        printf("\n");
    }
```

也可以将二维数组的每一行看成一维数组，利用指针和一维数组的对应关系进行引用：

```
for (int i = 0; i < CLS_NUM; i++)
{
    int *p = studentIDs[i];
    for (int j = 0; j < STU_NUM; j++)
    {
        printf("[%d,%d] = %d\t", i, j, *(p+j));
    }
    printf("\n");
}
```

还可以将二维数组看作逐行按序存储的一维数组，计算出每个元素的地址，然后用指针的方式间接读取：

```
int *pp = studentIDs[0];
for (int i = 0; i < CLS_NUM; i++)
{
    for (int j = 0; j < STU_NUM; j++)
    {
        printf("[%d,%d] = %d\t", i, j, *(pp+i*STU_NUM+j));
    }
    printf("\n");
}
```

上面的例子中，pp 存储了这个二维数组的首地址，由于二维数组以行优先方式保存在内存中，因此 pp+i*STU_NUM+j 可以计算出 i 行 j 列数组的地址，利用指针可以将其元素值取出。

我们可以直接定义一个指向包含 n 个固定元素的数组的指针，用它指向第二维个数为 n 的二维数组，并用它引用数组中的指定元素：

```
int (*ppp)[STU_NUM] = studentIDs;
for (int i = 0; i < CLS_NUM; i++)
{
    for (int j = 0; j < STU_NUM; j++)
```

```
        {
            printf("[%d,%d] = %d\t", i, j, *(*(ppp+i)+j));
        }
        printf("\n");
    }
```

上面的代码片段中，int (*ppp)[STU_NUM] = studentIDs 表明指针 ppp 指向了二维数组 studentIDs。ppp 是一个指针类型，这可以从变量名前面的星号看出。而这个指针是一个整型一维数组类型，包含 STU_NUM 个元素，这可以从类型 int 及后面的中括号看出。在这里将 ppp 和星号用小括号括起来的原因是，在表达式中[]运算的优先级要高于*，如果不括起来，ppp 会首先和方括号结合，使得此声明变为：

```
int *(ppp[STU_NUM]);
```

这表明 ppp 是一个数组，有 STU_NUM 个元素，每个元素是整型指针类型，这并不符合我们的要求。

在上面的代码片段中，使用*(*(ppp+i)+j)引用了 i 行 j 列元素。因为 ppp 开始指向二维数组首元素，(ppp+i)表示向后移动 i 个元素，由于 ppp 是 STU_NUM 个整型元素的指针，因此向后移动 i 个元素实际上是向后移动了 i 行。此时，*(ppp+i)表示二维数组第 i 行的首地址。接着，*(ppp+i)+j 表示这一行中第 j 个元素的地址，前面再加星号运算符*(*(ppp+i)+j)，表示通过这个地址间接取到了 i 行 j 列的值。由于 ppp 和 studentIDs 等价，其实也可以直接使用二维数组下标引用的方式获取对应的元素：ppp[i][j]。

7.5 指针变量的应用

指针变量的一个重要应用是与函数配合使用，接下来介绍三种指针应用于函数的情况：指向函数的指针、返回指针的函数和指针作为函数参数。

7.5.1 指向函数的指针

指针变量除了可用于指向各种类型的变量之外，也可以指向一个函数。如果在程序中定义了一个函数，在编译时，编译系统会为函数代码分配一段存储空间，这段存储空间的起始地址，就称为这个函数的指针。可以用一个指针变量指向函数，通过该指针变量调用此函数。指向函数的指针变量的一般定义形式为：

```
函数返回值类型 (*指针变量名)(函数参数列表);
```

和普通指针变量类似，特定类型的指针变量可以指向任何相应类型的变量。函数指针也可以指向任何具有相同函数类型的函数，函数类型相同指的是函数的返回值类型和参数类型都相同。

比如声明一个函数指针：

```
int (*pFunc)(int, int, float);
```

这个函数指针 pFunc 可以指向任何返回值为 int 类型，并且具有三个参数（分别是 int、int 和 float 类型）的函数。比如某个函数定义为：

```
int Func(int a, int b, float f)
{
    函数体
}
```

可以使用下面的赋值语句，将函数指针 pFunc 指向函数 Func：

```
pFunc = Func;
```

需要注意的是，pFunc 只是声明一个指向函数的指针变量，在指向某个特定函数前，pFunc 并不具有任何意义。这和普通指针变量一样，只有指向特定的变量，指针才具有意义。比如下面的程序片段，最后一个语句会在程序运行阶段产生错误，错误原因是 p 没有特定的指向，属于“野指针”。

```
    int *p;
    *p = 3;
```

如果将其修改为下面的形式，就可以正常执行。这是因为 p 已经指向了变量 t，对 p 所指向的变量进行修改，就是对变量 t 进行修改。

```
    int t;
    int *p = &t;
    *p = 3;
```

指向函数的指针在调用时和函数调用类似，只需要用(* pFunc)代替函数名即可，比如调用函数 Func，可以直接采用普通的函数调用表达式：

```
Func(2, 3, 1.5);
```

也可以采用函数指针来调用：

```
(*pFunc)(2, 3, 1.5);
```

使用指向函数的指针的一个好处是可以在程序运行阶段，方便地动态调用不同的函数。比如下面的代码会按照用户的选择执行不同的功能，对数组进行查找或者删除操作。正因为利用了指向函数的指针的特性，才使得程序代码变得十分简洁。

```
// 在长度为n 的数组a 中查找是否存在值x
// 存在则返回x 的下标，否则返回-1
int Find(int a[], int n, int x)
{
    for (int i = 0; i < n; i++)
        if (a[i] == x)
            return i;
    return -1;
}
// 在长度为n 的数组a 中删除元素x
// 如果不存在x 则返回-1，否则删除x 并返回x 的下标
int Delete(int a[], int n, int x)
{
    for (int i = 0; i < n; i++)
    {
        if (a[i] == x)
        {
            for (int j = i; j < (n-1); j++)
            {
                a[j] = a[j+1];
            }
            return i;
        }
    }
    return -1;
}
```

```
int _main()
{
#define STU_NUM 5
    int studentID[STU_NUM] = {1101, 1102, 1103, 1104, 1105};
    int s = 1, id;
    printf("1.Find 2.Delete students ID:\n"); // 提示用户输入选项及学生 id
    scanf("%d%d", &s, &id);                   // 接收用户输入
    if (s!=1 && s!=2)                         // 检查用户输入是否合法
        return 0;
    int (*pMethod)(int[], int, int);          // 声明函数指针
    pMethod = (s==1)?Find:Delete;  // 依据用户输入，指向对应的函数
    int nResult = (*pMethod)(studentID, STU_NUM, id); // 进行函数调用
    if (nResult == -1)                        // 用户输入的 id 没有找到
    {
        printf("Not found!\n");
        return 0;
    }
    else
    {
        int i = 0;
        switch (s)
        {
        case 1:                               // 输入查找结果
            printf("ID %d is found, index = %d\n", id, nResult);
            break;
        case 2:                               // 输出删除特定 id 后的数组
            printf("ID %d is deleted, the array becomes:\n", id);
            for (i = 0; i < STU_NUM-1; i++)
                printf("%d\t", studentID[i]);
            break;
```

```
        }
    }
    return 0;
}
```

7.5.2 返回指针的函数

函数返回值可以是整型值、字符值、浮点值等普通数据类型，也可以返回指针类型，即地址。定义返回指针值的函数的一般形式为：

```
类型名 *函数名(参数列表);
```

我们通过一个示例来说明返回指针的函数的作用：利用二维数组保存一个学校所有班级每个学生的学号，现在要求输入某个同学的学号，然后将这个同学所在班级的学号都输出。可以使用返回指针的函数来实现这一功能：

```
#define STU_NUM 5
#define SCH_NUM 2
#define CLS_NUM 3
// 返回学号id所在的行首地址
int * FindClass(int ids[CLS_NUM][STU_NUM], int id)
{
    for (int i = 0; i < CLS_NUM; i++)
        for (int j = 0; j < STU_NUM; j++)
        {
            if (ids[i][j] == id)
                return ids[i];
        }
    return 0;
}
```

在 main 函数中，可以采用下面的代码实现这些功能：要求用户输入学号，然后调用前面给出的返回指针的函数得到对应的班级学号数组首地址，通过它获取这个班级的所有学号。

```
// 某学校所有班级的学生信息
int studentIDs[CLS_NUM][STU_NUM] = {
    {1101, 1102, 1103, 1104, 1105},
    {1201, 1202, 1203, 1204, 1205},
    {1301, 1302, 1303, 1304, 1305}};
printf("Please enter student ID\n");
int id = 0;
scanf("%d", &id);        // 接收用户输入的学号
int *p = FindClass(studentIDs, id); // 指针 p 指向学号所在的行
if (p == 0)              // 在学生信息中没有找到该学号
{
    printf("Not found!\n");
}
else                     // 找到该学号，利用指针输出该行信息
{
    printf("Student ID in this class\n");
    for (int i = 0; i < STU_NUM; i++)
    {
        printf("%d\t", *(p+i));
    }
}
```

7.5.3　指针参数

函数的参数可以是指针类型。这些指针可以是普通指针，也可以是指向函数的指针。通过前面函数的学习，我们知道函数调用时，实参会将值赋给对应的形参，然后二者就脱离关系，内部对形参的修改只会影响形参的值，而外部的实参并不会受到影响。然而，当采用指针作为参数类型以后，情况就不同了。因为指针作为参数类型，虽然依旧遵循参数值传递的性质，但这个值却比较特殊，它代表的是内存地址，即前面比喻的门牌号。虽然实参将地址传递给形参以后，二者也脱离了关系，但在函数内部，仍然可以依据这个唯一的门牌号，指向特定的内存单元，从而达到对外部实参进行修改的目的。

接下来，通过简单的两个变量数值交换的例子，说明指针参数的用法。要求用户输入两个整型数，编写一个函数，将用户输入的两个数进行交换。

```
void Swap(int *a, int *b)
{
    int t = *a;
    *a = *b;
    *b = t;
}
```

可以在主函数中使用以下程序片段来实现函数调用：

```
    int i, j;
    printf("Please enter 2 numbers.\n");
    scanf("%d%d", &i, &j);
    printf("The 2 numbers you entered are:%d, %d\n", i, j);
    Swap(&i, &j);
    printf("Swapped numbers are:%d, %d\n", i, j);
```

以地址作为媒介，在函数内部可以间接找到外部变量，从而对其值进行修改。如果不使用指针作为参数，而直接使用普通变量作为参数的话，则无法达到同样的效果，这在第 6 章中已经进行了讨论。

其实前面介绍的对数组元素进行查找和删除的两个函数 Find、Delete，其第一个参数也可以看成指针类型。在定义这两个函数时，其第一个形参为 int a[]，它是一个数组，数组名 a 其实代表的是数组的首地址，因此这个形参同样可以表示成指针形式：int *a。

7.6 弹弹球

我们通过编写一个小游戏来熟悉本章所学的数组和指针的相关内容。在该游戏中，玩家按下空格键能在屏幕中心生成随机运动的小球，生成的小球会在窗口范围内发生碰撞。该游戏使用定时器来制造动画效果，每隔一定时间触发一次定时器函数，然后更新游戏中的物体状态。

和前面的工程一样，我们在 Win32 工程的主文件开始部分，定义一系列全局变量以及宏常量：

```
#define BALLS_NUM 64                                // 最多的小球数量
#define MAX_V 4                                     // 小球的最大速度
int ballsX[BALLS_NUM], ballsY[BALLS_NUM];           // 数组，保存每个小球的位置
int ballsVX[BALLS_NUM], ballsVY[BALLS_NUM];         // 数组，保存每个小球的速度
COLORREF ballsC[BALLS_NUM];                         // 数组，保存每个小球的颜色
int nBalls = 0;                                     // 当前的小球数量
int radius = 20;                                    // 小球半径
int timeStep = 50;                                  // 定时器时间间隔
int wndWidth = 0;                                   // 窗口尺寸
int wndHeight = 0;
```

接下来，定义几个函数，用于实现游戏运行时的不同功能，每个函数的功能在函数开始的注释中给出。

```
// 在窗口中心随机生成一个小球的函数
//@n 当前小球的数量,利用指针方式传递参数,在函数内可以对指针指向的变量进行修改
int GenerateBall(int *n)
{
    if (*n >= BALLS_NUM)                // 小球数量过多，则不生成
        return 0;
    ballsX[*n] = wndWidth / 2;          // 中心位置
    ballsY[*n] = wndHeight / 2;
    ballsVX[*n] = MAX_V - 2*(rand() % (MAX_V+1)); // 随机速度
    ballsVY[*n] = MAX_V - 2*(rand() % (MAX_V+1));
    ballsC[*n] = RGB(rand()%256, rand()%256,rand()%256); // 随机颜色
    (*n)++;                             // 修改参数值,小球数量加 1
    return 1;
}
// 绘制小球的函数
//@hdc 绘制设备句柄
//@n 当前的小球数量
```

```
//@r 小球半径
//@X Y 小球的位置数组
//@C 小球的颜色数组
void DrawBalls(HDC hdc, int n, int r, int X[], int Y[],COLORREF C[])
{
    HBRUSH brush;
    for (int i = 0; i < n; i++)
    {
        brush = CreateSolidBrush(C[i]);     // 使用当前颜色的笔刷绘制小球
        SelectObject(hdc, brush);
        Ellipse(hdc, X[i]-r, Y[i]-r, X[i]+r, Y[i]+r);
        DeleteObject(brush);
    }
}
// 当两个小球发生碰撞后的反应,计算碰撞后的速度
//@v1 v2 待计算的两个小球的速度
//@u 两个小球的连线向量
int Response(int v1[2], int v2[2], int u[2])
{
    if (u[0] * u[0] + u[1] * u[1] == 0)   // 二者重叠的话，暂时不进行碰撞
        return 0;
// 保存球心连线上和垂直于连线的速度分量
    int tmp, v11[2], v12[2], v21[2], v22[2];
    v11[0] = (v1[0] * u[0] + v1[1] * u[1]) * u[0] / (u[0] * u[0] + u[1]
* u[1]);
    v11[1] = (v1[0] * u[0] + v1[1] * u[1]) * u[1] / (u[0] * u[0] + u[1]
* u[1]);
    v12[0] = v1[0] - v11[0];
    v12[1] = v1[1] - v11[1];
```

```
    v21[0] = (v2[0] * u[0] + v2[1] * u[1]) * u[0] / (u[0] * u[0] + u[1]
* u[1]);
    v21[1] = (v2[0] * u[0] + v2[1] * u[1]) * u[1] / (u[0] * u[0] + u[1]
* u[1]);
    v22[0] = v2[0] - v21[0];
    v22[1] = v2[1] - v21[1];
    // 在球心连线上交换速度
    tmp    = v11[0];
    v11[0] = v21[0];
    v21[0] = tmp;
    tmp    = v11[1];
    v11[1] = v21[1];
    v21[1] = tmp;
    // 得到新的速度
    v1[0]  = v11[0] + v12[0];
    v1[1]  = v11[1] + v12[1];
    v2[0]  = v21[0] + v22[0];
    v2[1]  = v21[1] + v22[1];
    return 1;
}
// 每一帧，按照小球所处的碰撞状态修改小球的速度，并更新小球的位置
//@n 小球数量
//@r 小球半径
//@X Y 小球当前位置数组
//@VX VY 小球当前速度数组
//@elapseTime 两帧之间的时间间隔
void UpdateBalls(int n, int r, int X[], int Y[], int VX[], int VY[], int
elapseTime)
{
    if(n > BALLS_NUM)
```

```
        return;
    for (int i = 0; i < n; i++)
    {
        for (int j = i+1; j < n; j++)
        {
            int v1xy[2], v2xy[2], u[2];// 两个小球的初速度和碰撞方向向量
            //1  小球是否发生相互碰撞
            // 目前的碰撞检测和反应都只是最简单的计算方法,会出现以下问题:
            //a.小球之间可能出现粘连
            //b.当小球速度过快时,可能错过检测碰撞
            int dist2 = (X[i] - X[j]) * (X[i] - X[j]) + (Y[i] - Y[j]) *
(Y[i] - Y[j]);
            if(dist2 <= 4*r*r)
            {
                u[0]  = X[j] - X[i];
                u[1]  = Y[j] - Y[i];
                v1xy[0] = VX[i];
                v1xy[1] = VY[i];
                v2xy[0] = VX[j];
                v2xy[1] = VY[j];
                // 如果小球相互碰撞，则修改小球的速度
                if(Response(v1xy, v2xy, u))
                {
                    VX[i] = v1xy[0];     // 碰撞后两个小球的速度的改变
                    VY[i] = v1xy[1];
                    VX[j] = v2xy[0];
                    VY[j] = v2xy[1];
                }
            }
        }
```

```
        }
        //2 处理小球和屏幕边界的碰撞
        for (int i = 0; i < n; i++)
        {
            if((X[i] - r) <= 0)                    // 左边界
                VX[i] = abs(VX[i]);
            else if((X[i] + r) >= wndWidth)    // 右边界
                VX[i] = -abs(VX[i]);
            if ((Y[i] + r) >= wndHeight)        // 下边界
                VY[i] = -abs(VY[i]);
            else if ((Y[i] - r) <= 0)           // 上边界
                VY[i] = abs(VY[i]);
        }
        // 按照速度更新小球的位置,以便产生动画效果
        for (int i = 0; i < n; i++)
        {
            X[i] += VX[i] * elapseTime;
            Y[i] += VY[i] * elapseTime;
        }
    }
```

接着，在工程的主函数入口中，进行一些游戏数据初始化工作。找到_tWinMain 函数，在进入消息循环之前随机生成一个小球：

```
    srand(time((NULL)));     // 随机种子
    GenerateBall(&nBalls); // 随机生成一个小球
```

接下来，还是将主要精力放在消息处理函数 WndProc 中，因为这个游戏有不少新的消息需要处理。

首先，这个游戏新增了动画功能，图 7-2 是游戏运行画面，其中的小球会以一定的速度进行运动。

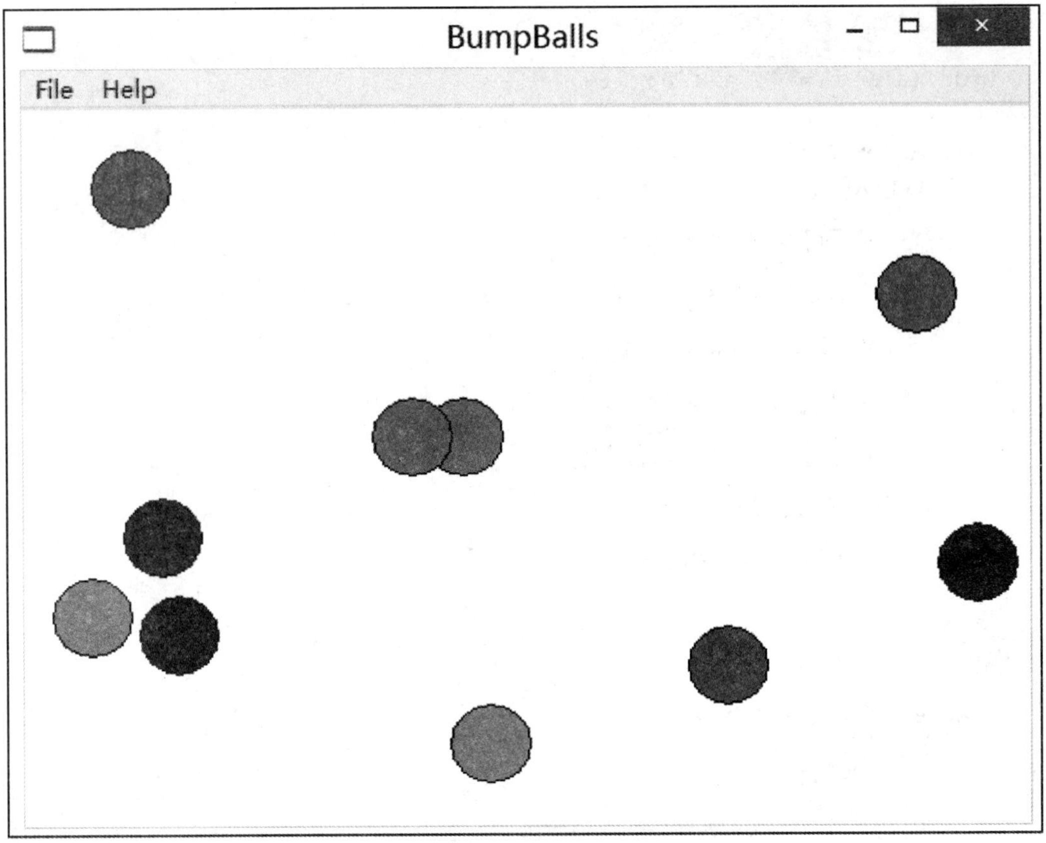

图 7-2　游戏运行画面

因此，需要启动一个“定时器”，每隔固定的时间，对游戏内容进行更新，并要求游戏画面重绘，以反馈更新后的画面。这一过程连续进行，就可以达到动画的效果。通过在消息处理函数中添加两个消息来完成这一功能：

```
case WM_CREATE:      // 程序启动后触发的构造消息
    // 开始设置一个 ID 为 1 的定时器,每 timeStep 毫秒触发一个定时器消息
        SetTimer(hWnd,1,timeStep,NULL);
        break;
    case WM_TIMER:          // 定时器响应消息
        if (wParam == 1)// 如果是感兴趣的定时器(ID 为 1),则更新游戏
        {
            UpdateBalls(nBalls, radius, ballsX, ballsY, ballsVX, ballsVY,
timeStep/10);
```

```
        // 让窗口变为无效,从而触发重绘消息
        InvalidateRect(hWnd, NULL, TRUE);
    }
    break;
```

其中，WM_CREATE 消息会在程序启动后被触发一次，在这个消息中设定一个定时器，每隔固定时间，触发定时器消息。WM_TIMER 是定时器响应消息，在其中进行游戏内容更新，并发出重绘请求。

然后，添加窗口尺寸变化消息，在这个消息中，可以获取最新的窗口大小，以便游戏中的小球能够获知窗口边界，进而完成正确的碰撞。

```
case WM_SIZE:            // 获取窗口的尺寸
    wndWidth = LOWORD(lParam);
    wndHeight = HIWORD(lParam);
    break;
```

之后的一个重要消息是用户交互，这个游戏版本的交互比较简单，当玩家按下空格，就随机生成一个小球。

```
case WM_KEYDOWN:
    if (wParam == ' ')       // 按下空格
    {
        GenerateBall(&nBalls);  // 生成一个小球
        InvalidateRect(hWnd, NULL, TRUE);  // 触发重绘消息
    }
    break;
```

最后，集中精力处理绘制消息。在这个游戏中，需要频繁调用绘制指令，以便达到平滑的动画效果。如果和前面的游戏工程进行一样处理的话，会出现屏幕闪烁的问题。就像在黑板上作画，虽然计算机自动作画速度很快，但仍然需要一个过程。利用计算机绘制游戏中的小球，就好比在黑板上画它们，每一帧都需要将旧画面擦掉，再在空黑板上逐个绘制状态更新以后的小球。产生画面闪烁的原因是：擦除旧画面和绘制每个小球的过程会被玩家看到。玩家会发现这些小球原来是一个接一个画出来的，而不像动画画面那样，每一帧是瞬时切换的。

为了解决这个问题，我们使用双缓存机制来进行绘制。我们不直接在黑板上作画，而

是每次准备两块黑板，一块是正常的供玩家观看的黑板，和以前的游戏工程一样，另一块是具有同样规格的备用黑板，所有的绘制过程都在这个备用黑板上完成。一旦绘制结束，则将备用黑板直接覆盖到正常黑板上，供玩家观看。由于绘制过程是在备用黑板上完成的，而覆盖速度又很快，因此玩家并不会看到绘制过程，从而避免了屏幕闪烁，使得动画画面连续、平滑。

这种双缓存机制的具体实现代码如下，其中，变量 hdc 表示黑板，memHDC 表示和 hdc 兼容的后备黑板，bmpBuff 表示后备黑板上的画布。所有绘制都在后备黑板 memHDC 中完成，最后通过 BitBlt 函数将后备黑板 memHDC 的所有内容覆盖到黑板 hdc 上。

```
    case WM_ERASEBKGND:      // 截获擦除背景消息,不擦除背景,避免闪烁
        break;
    case WM_PAINT:
        {
            hdc = BeginPaint(hWnd, &ps);
// 以下步骤是为了避免产生屏幕闪烁,而将画面首先绘制到内存中,然后一次性拷贝到屏幕上
            // 创建内存 HDC
            HDC memHDC = CreateCompatibleDC(hdc);

            //获取客户区大小
            RECT rectClient;
            GetClientRect(hWnd, &rectClient);

            //创建位图
            HBITMAP bmpBuff =
CreateCompatibleBitmap(hdc,wndWidth,wndHeight);
            HBITMAP pOldBMP = (HBITMAP)SelectObject(memHDC, bmpBuff);
            // 设置白色背景
            PatBlt(memHDC,0,0,wndWidth,wndHeight,WHITENESS);

            //绘制到后备缓存
            DrawBalls(memHDC, nBalls, radius, ballsX, ballsY, ballsC);
```

```
            //拷贝内存HDC 内容到实际HDC
            BOOL tt = BitBlt(hdc, rectClient.left, rectClient.top,
wndWidth,
                wndHeight, memHDC, rectClient.left, rectClient.top,
SRCCOPY);

            //内存回收
            SelectObject(memHDC, pOldBMP);
            DeleteObject(bmpBuff);
            DeleteDC(memHDC);

            EndPaint(hWnd, &ps);
            break;
        }
```

代码最上面是添加的擦除背景消息 WM_ERASEBKGND，类似于擦黑板。由于擦黑板的过程也可能被玩家感知，因此干脆就不响应这个消息。也就是说每次都不擦黑板，而是用备用黑板的内容直接覆盖旧黑板上的内容，旧黑板干净与否并不影响最终显示效果。

我们还有一些善后工作需要处理：在本程序工程中，需要关掉在游戏启动时设置的定时器。这些工作放在窗口销毁消息响应中.

```
    case WM_DESTROY:
        KillTimer(hWnd,1);              // 程序退出时，删除定时器
        PostQuitMessage(0);
        break;
```

最终的游戏画面如图 7-2 所示，玩家按下空格键可以不断地在屏幕中心生成随机运动的小球，这些小球都将参与碰撞。玩家还可以调整窗口大小，游戏世界的边界将随之发生变化。

7.7　小结

本章主要讨论了数组和指针的内容。数组可以用于组织类型相同的数据，使用循环结构，能方便地对数组内的元素进行统一处理，在程序设计时十分常用。指针是 C 语言最大

的特性之一，正因为指针这一特性的存在，C 语言才同时具有高层次语言和低层次语言的特征。因为指针可以保存数据在内存中的存储地址，通过指针，能够以唯一的内存地址作为媒介，对存储于内存中的数据进行存取。指针和数组关系密切，因为数组名其实表示的就是数组首元素的内存地址。数组、指针和函数建立关系后，可以实现很多程序功能，比如在函数内部修改实参的值等。

最后，我们通过一个弹弹球游戏来练习本章内容，在游戏中利用数组和指针实现了小球的数据管理和更新。

上机练习题

本章给出的弹弹球游戏还存在很多问题，希望读者可以从以下几个方面进行修改：

1.稳定的碰撞检测方法，当两个小球位置接近时，碰撞判断可能不断发生，表现为小球“粘连”，请读者对碰撞检测和碰撞反应进行修正；

2.增加游戏性，目前版本并没有添加任何游戏性，请读者将其修改为类似台球的游戏，增加游戏趣味；

3.添加更多细节，比如为小球运动添加摩擦力，利用鼠标控制小球的弹射方向等。

第 8 章　字符串

要点提示

在编写程序时，经常有需要保存一段文字的情况。比如玩家的姓名、玩家之间的对话和某个物品的资料介绍等。在 C 语言中，字符串是以字符数组的形式进行存储的，在字符数组中以'\0'作为终结符。本章要点是学习利用字符数组进行字符串的存储，掌握字符串各种形式的输出、输入，以及常用的字符串处理函数。

8.1　字符数组

用来存放字符数据的数组是字符数组，和其他类型数组一样，字符数组中的每个元素都是相同的类型，定义字符数组的方法与定义数值型数组的方法类似。

可以在字符数组定义的同时对其进行初始化：

```
char msg[] = {'I', ' ',
    'l', 'o', 'v', 'e',' ',
    'g', 'a', 'm', 'e', ' ',
    'p', 'r', 'o', 'g', 'r', 'a', 'm', 'm', 'i', 'n', 'g', '!'};
for (int i = 0; i < sizeof(msg); i++)
    printf("%c", msg[i]);
```

上面的代码片段可以逐字符输出字符数组的内容，sizeof(msg)能够求出 msg 数组所占的内存大小，单位是字节；而每个字符占据一个字节内存，所以 sizeof(msg)也表示字符数组中的元素个数。

当然也可以使用下面的代码片段，首先定义好字符数组，然后逐元素为其赋值。

```
char msg[26];
for (int i = 0; i < sizeof(msg); i++)
    msg[i] = 'a'+i;
```

8.2 字符串的存储

我们可以通过字符数组保存字符串，也可以用字符指针指向字符串。和普通字符数组不同的是，当用字符数组保存字符串时，需要在字符串结束部位保存一个特殊字符'\0'，代表这个字符数组保存的是字符串，而且到此结束。由于'\0'在ASCII中表示空字符（NULL），即在语义上不可能有有效字符与之重复，故用其来表示字符串的结尾至少在 ASCII 编码下是合理的。由于'\0'仅用于表明字符串结束，它本身并不属于字符串，因此字符串的实际长度比它的存储长度要少一个。

下面的程序片段演示了如何使用字符数组保存字符串，可以看到字符数组的长度比字符串中包含的有效字符多一个。

```
char string[] = "Game";
printf("%s, store length:%d\n", string, sizeof(string));
```

上面程序片段的输出为：

Game, store length:5

从这个输出可以看出，字符串 Game 的有效字符数是 4 个，但需要 5 个字符长度的数组来保存，因为它还有最后的结束标记字符。

还可以采用下面的字符指针形式，直接指向一个字符串。和字符数组不同的是，这个字符串的字符长度是 4 个，而不是 5 个。

```
char *string = "Game";
printf("%s, store length:%d\n", string,sizeof(string));
```

这是因为在进行 string 指针赋值的时候，系统实际上产生了一个字符串常量"Game"，然后让指针 string 指向它。这个字符串可以像前面的字符数组一样，逐字符输出：

```
for (int i = 0; i < sizeof(string); i++)
    printf("%c", string[i]);
```

然而，我们不能修改每个元素的值，比如执行 string[0] = 'N'，程序在运行时会产生错误。因为"Game"是一个字符串常量，string 指针仅仅是指向了它，但无法对一个常量进行修改。

8.3 字符串的输出和输入

在 C 语言中，并没有单独的字符串类型，字符串都是通过字符组合来表示的。因此可以采用逐字符和整体两种方式对字符串进行输出：将字符串中每个字符逐个输出可以最终表现为输出字符串；而通过%s 这种格式化方式则可以直接输出整个字符串。

需要注意的是，当采用字符数组来存储字符串的时候，输出的字符串中并不包含字符串结束标志。

在输入的时候，也可以采用逐字符和整体输入两种方法。比如下面的代码片段，可以分别采用这两种方式实现对字符串的格式化输入：

```
char string[10];
for (int i = 0; i < 4; i++)
    scanf("%c", string+i);  // 逐字符读入用户输入的字符串
string[4] = '\0';
scanf("%s", string);        // 直接读入整个字符串
```

当用户输入 Game，按下回车后，程序会通过 scanf 函数逐字符读入用户输入，将其保存到字符型数组 string 中。为了表示这是一个字符串，需要在后面手动添加字符串结束标志。最后一个语句是将用户输入作为一个字符串读入，保存到 string 字符数组中。

和第 7 章中介绍的“野指针”一样，当一个字符指针不指向任何一个特定的字符数组时，它便无法保存用户输入的字符串，如：

```
char *p;
scanf("%s", p);
```

但下面的代码片段是合理的，因为指针 p 指向了数组 string：

```
char string[10];
char *p;
p = string;
scanf("%s", p);
```

还可以使用一些现成的针对字符串的输出和输入函数，比如常用的 puts 和 gets 函

数，后缀 s 表示字符串。

puts 函数可以将一个字符串输出到终端，下面的程序片段可以直接输出字符串 Game：

```
char str[20] = "Game";
puts(str);
```

gets 函数可以读取用户输入的字符串到字符数组中，比如下面的程序片段，可以将用户输入的字符串读取到字符数组 str 中：

```
char str[20];
gets(str);
```

8.4 字符串处理函数

由于字符串在编程时很常用，因此标准库中也提供了大量针对字符串操作的函数（需要包含头文件 string.h）。接下来，介绍几个比较常用的字符串处理函数。

strcat 函数：字符串连接函数，把两个字符串连接起来。它可以把字符串 2 接到字符串 1 的后面，结果放在字符数组 1 中。其一般形式为：

```
strcat(字符数组 1, 字符数组 2)
```

strcpy 和 strncpy 函数：字符串复制函数。strcpy 函数的作用是将字符串 2 复制到字符数组 1 中；strncpy 函数可以将字符串 2 中前面的 n 个字符复制到字符数组 1 中。其一般形式为：

```
strcpy(字符数组 1, 字符串 2)
strncpy(字符数组 1, 字符串 2, 字符个数 n)
```

strcmp 函数：字符串比较函数，作用是比较字符串 1 和字符串 2 的关系。将两个字符串自左至右逐个字符相比（按 ASCII 值大小比较），直到出现不同的字符或遇到'\0'为止。如果全部字符相同，则认为两个字符串相等；如果出现不同字符，则以第一对不同字符的比较结果为准。比较结果由函数值返回，如果字符串 1 和字符串 2 相等，则函数值为 0；如果字符串 1 大于字符串 2，则函数值为一个正整数；如果字符串 1 小于字符串 2，则函数值为一个负整数。其一般形式为：

```
strcmp(字符串 1, 字符串 2)
```

strlen 函数：获得字符串长度的函数，函数返回值为字符串的实际长度。其一般形式为：

```
strlen(字符数组)
```

strlwr 函数：转换为小写的函数，作用是将字符串中的大写字母转换成小写字母。其一般形式为：

```
strlwr(字符串)
```

strupr 函数：转换为大写的函数，作用是将字符串中的小写字母转换成大写字母。其一般形式为：

```
strupr(字符串)
```

strstr 函数：子串查找函数。找出字符串 2 在字符串 1 中第一次出现的位置（不包括字符串结束标志），返回该位置的指针，如找不到，返回空指针。其一般形式为：

```
strstr(字符串 1, 字符串 2)
```

接下来，通过一个程序来了解部分字符串处理函数的用法。要求用户输入两个字符串 A 和 B，在不考虑大小写的情况下，输出 A 和 B 的最大公共子串。比如 A="aocDfe"，B="pMcdFa"，则输出"cdf"。

```
void MaxSubstring(const char *A, const char *B)
{
    int i, j;
    char substring[128], shortstring[128], longstring[128];
    if(strlen(A)>strlen(B))          // 区分输入两个字符串参数的长短
    {
        strcpy(shortstring, B);
        strcpy(longstring, A);
    }
    else
    {
        strcpy(shortstring, A);
        strcpy(longstring, B);
    }
    // 统一小写
    strlwr(shortstring);
    strlwr(longstring);
```

```
    //如果 shortstring 就是待寻找的子串，则直接输出
    if(strstr(longstring, shortstring)!=NULL)
    {
        puts(shortstring);
        return;
    }
    for(i=strlen(shortstring)-1;i>0; i--) //否则，开始循环查找
    {
        for(j=0; j<=strlen(shortstring)-i; j++)
        {
            strncpy(substring, shortstring+j, i);
            substring[i]='\0';
            if(strstr(longstring, substring)!=NULL)
            {
                printf("%s", substring);
                return;
            }
        }
    }
}
```

本例中，我们使用了 strlen、strcpy、strlwr、strncpy、strstr 等针对字符串处理的库函数。

MaxSubstring 函数的参数采用了 const 修饰，可以防止程序在函数内部对实参进行修改，这样保证了函数的安全调用。在 main 函数中可以采用用户输入的方法，获得任意两个字符串，然后调用求最大子串函数。实现这一功能的代码片段如下：

```
char A[128], B[128];
gets(A);
gets(B);
MaxSubstring(A, B);
```

8.5 单词英雄

为了熟悉字符串的使用，我们编写一个常见的练习打字的小游戏——单词英雄。游戏开始，屏幕上随机落下多个英文单词，玩家需要在它们落地前，通过键盘输入这些单词。输入正确的单词会被消去，玩家得分，并生成一个新单词从顶端下落，同时增加单词的下落速度。玩家每得 10 分，游戏就会重置速度为初始状态。如果玩家无法在单词落地前输入正确，则玩家生命值减少 1，生命值减少到 0 时，游戏结束。

在该游戏中，我们将接触到大量关于字符串的内容。由于游戏以字符串显示为主，因此也将接触到关于各种字体、文字颜色等字符串显示参数方面的内容。

新建一个 Win32 工程，在主程序文件前面，添加一些宏定义的常量：

```
#define ALL_WORDS 18
#define SCR_WORDS 4
#define MAX_LEN_WORD 16
```

用它们确定游戏中的单词数组的长度，使用宏定义是为了方便以后的程序维护。

我们还需要定义一系列全局变量，用于控制游戏状态。

```
// 字符串数组,保存所有可能的字符串,每个字符串是一个英文单词
char *candWords[ALL_WORDS] =
{"noun","adjective","dverb","pronoun","conjunction","preposition","numbe
r","interjection","phrasal"
    ,"contain","embrace","vibrate","innovate","extract","entilate","d
eprive","whitewash","contrary"};
// 当前屏幕上显示的需要玩家键入的单词在 candWords 中的下标
int scrWords[SCR_WORDS];
// 每个屏幕单词的位置
int posXWords[SCR_WORDS], posYWords[SCR_WORDS];
// 玩家的输入
char inputs[MAX_LEN_WORD];  int nInput = 0;
// 定时器时间间隔
int timeStep = 200;
// 窗口尺寸
int wndWidth = 0;  int wndHeight = 0;
```

```
// 单词移动速度
int v = 1;
// 玩家得分和生命值
int nScore = 0; int nLife = 3;
// 当前玩家部分命中的单词,使用位操作进行计算
unsigned short tmpHits;
```

接下来，需要定义若干函数来处理游戏运行中的各种情况。我们将这些函数分为四种类型：游戏启动、游戏交互、游戏逻辑判断和游戏绘制。

游戏启动阶段主要进行游戏数据的初始化工作，在本例中主要是将单词相关的变量赋初值，这些初始化操作被封装在函数 Init 中。

```
// 初始化各种参数
void Init()
{
    memset(scrWords, -1, SCR_WORDS*sizeof(int));     // 屏幕上单词的下标
    memset(posYWords, 0, SCR_WORDS*sizeof(int));     // 屏幕上单词的纵坐标
    memset(inputs, '\0', SCR_WORDS*sizeof(char));    // 当前输入的部分字符
    tmpHits = 0;                              // 没有命中单词
    for(int i = 0; i < SCR_WORDS; i++)// 为屏幕上的单词赋予横坐标
    {
        posXWords[i] = i*wndWidth / SCR_WORDS;
        GenerateWord(i);
    }
    nLife = 3;                                // 玩家生命初始为3,得分为0
    nScore = 0;
}
```

这个函数调用了随机生成单词的函数 GenerateWord，这个函数的原型为：

```
// 随机生成屏幕上指定下标id 的单词
void GenerateWord(int id)
{
    int done = 0;
```

```
    while(!done)                // 保证生成的单词和屏幕上已有单词不重复
    {
        done = 1;
        int candID = scrWords[id]= rand() % (ALL_WORDS);
        for (int i = 0; i < SCR_WORDS; i++)
        {
            if (i == id)
                continue;
            if (scrWords[i] == candID)
            {
                done = 0;
                break;
            }
        }
    }
    // 重置单词的位置和部分命中标志
    posYWords[id] = 0;
    tmpHits ^= tmpHits & (1<<id);
}
```

游戏交互阶段需要记录并管理用户的键盘输入。InputChar 函数会在游戏中记录用户输入的字母，并判断输入的字母是否已经命中目标。游戏允许用户按下空格键清空当前已输入的字母，这个函数为 ResetInputs。这两个函数的原型为：

```
// 处理玩家输入的字母,可能部分命中,也可能全部命中,全部命中要得分,并重置单词
//@c 当前输入的字母
//@n 当前已经输入完成的字母数，使用指针方式，在函数内对外部变量进行修改
//@ips 保存玩家输入的字母数组
//@返回值 击中的单词下标
int InputChar(char c, int *n, char ips[])
{
    ips[*n] = c;
```

```
int done = 0;
int hitID = -1;
unsigned short th = 0;
for (int i = 0; i < SCR_WORDS; i++) // 对屏幕上所有单词进行比较
{
    if(strnicmp(ips, candWords[scrWords[i]], strlen(ips)) == 0)
    // 如果部分匹配的话,标记匹配的单词下标(使用位运算)
    {
        done = 1;
        th |= (1<<i);

        if(stricmp(ips, candWords[scrWords[i]]) == 0)
        // 如果全部匹配,则这个单词被击中,得分
        {
            nScore++;
            hitID = i;
            v++;
            v = (nScore%10==0)?1:v;      // 每得 10 分,则重置单词速度
            break;
        }
    }
}
if (!done)
    ips[*n] = '\0';
else
{
    (*n)++;
    tmpHits = th;
}
return hitID;
```

```
}
// 重置玩家输入的字符串
void ResetInputs()
{
    nInput = 0;
    memset(inputs, '\0', MAX_LEN_WORD*sizeof(char));
    tmpHits = 0;
}
```

游戏会在固定的时间触发状态更新操作，游戏的逻辑判断在更新时进行，主要判断单词是否落地等，这些逻辑判断功能被封装在 Update 函数中。

```
// 每帧进行更新,依据速度更新单词位置
//@ts 两帧之间的时间间隔
void Update(int ts)
{
    for(int i = 0; i < SCR_WORDS; i++)
    {
        if (posYWords[i] >= wndHeight)
        // 如果单词已经落地，则减少生命值，并新生成一个不重复的单词
        {
            nLife--;
            GenerateWord(i);
            int bReset = 1;
            for (int i = 0; i < SCR_WORDS; i++)
            {
                if (tmpHits & (1<<i))
                {
                    bReset = 0;
                    break;
                }
            }
```

```
            if (bReset)
                ResetInputs();

        }
        else
            posYWords[i] += v * ts;        // 更新屏幕单词位置
    }
}
```

游戏画面的绘制是游戏最重要的功能之一，本游戏虽然并无太多图片等多媒体内容，但仍需保证游戏画面的质量，通过游戏画面的变化来较好地对用户操作进行反馈，优化用户体验。因此，在绘制函数中，我们美化了字体，增加了文字颜色，并利用文字颜色变化对用户输入作出反馈。

```
// 打印,包括玩家信息以及待输入的玩家信息
void PrintWords(HDC hdc)
{
    HFONT hf;
    WCHAR str[MAX_LEN_WORD];
    //1 用红色字体在屏幕中心打印玩家信息,如果玩家生命值为0,则打印结束信息
    SetTextColor(hdc, RGB(255, 0, 0));
    hf =                            //创建逻辑字体
        CreateFont(
        56,                         //字体高度(旋转后的字体宽度)=56
        20,                         //字体宽度(旋转后的字体高度)=20
        0,                          //字体显示角度=0°
        0,                          //nOrientation=0
        10,                         //字体磅数=10
        FALSE,                      //非斜体
        FALSE,                      //无下划线
        FALSE,                      //无删除线
        DEFAULT_CHARSET,            //使用缺省字符集
```

```
        OUT_DEFAULT_PRECIS,      //缺省输出精度
        CLIP_DEFAULT_PRECIS,     //缺省裁减精度
        DEFAULT_QUALITY,         //nQuality=缺省值
        DEFAULT_PITCH,           //nPitchAndFamily=缺省值
        L"@system");             //字体名=@system
    HFONT hfOld = (HFONT)SelectObject(hdc, hf);
    if (nLife > 0)
    {
MultiByteToWideChar(CP_THREAD_ACP,MB_USEGLYPHCHARS,inputs,strlen(inputs)
+1,str,MAX_LEN_WORD);  // 将玩家的输入复制到字符串中
        TextOut(hdc, wndWidth/2-100, wndHeight/2,str,wcslen(str));

        wsprintf(str, L"Life:%d Score:%d", nLife, nScore);
        TextOut(hdc, wndWidth/2-100, wndHeight/2-40,str,wcslen(str));
    }
    else
    {
        TextOut(hdc, wndWidth/2-100, wndHeight/2-40,L"Game Over",9);
        SelectObject(hdc, hfOld);
        return;
    }

    //2 以另外一种字体打印屏幕上待输入的单词
    long lfHeight;
    lfHeight = -MulDiv(12, GetDeviceCaps(hdc, LOGPIXELSY), 72);
    DeleteObject(hf);
    hf = CreateFont(lfHeight, 0, 0, 0, 0, TRUE, 0, 0, 0, 0, 0, 0, 0, L"Times
New Roman");
```

```
    SelectObject(hdc, hf);
    for(int i = 0; i < SCR_WORDS; i++)
    {
        if (tmpHits & (1<<i))  // 如果当前单词部分命中,则以特殊颜色显示
            SetTextColor(hdc, RGB(0, 125, 125));
        else
            SetTextColor(hdc, RGB(0, 0, 0));
    // 将玩家的输入复制到字符串中
MultiByteToWideChar(CP_THREAD_ACP,MB_USEGLYPHCHARS,candWords[scrWords[i]
],strlen(candWords[scrWords[i]])+1,str,MAX_LEN_WORD);
        TextOut(hdc, posXWords[i], posYWords[i],str,wcslen(str));
    }
    SelectObject(hdc, hfOld);        // 恢复默认字体
    DeleteObject(hf);
}
```

接下来，回到游戏主流程当中，在主函数最后进入消息循环之前，调用初始化函数。

```
    srand(time(NULL)); // 随机种子
    Init();            // 初始化各种参数
```

接下来的大部分工作都在消息处理函数中完成。依据不同的消息类型，进行相应的处理，以此推动游戏向前进展。我们对下面三个消息作出响应：

```
    case WM_CREATE:           // 程序启动后,开始设置一个定时器
        SetTimer(hWnd,1,timeStep,NULL);
        break;
    case WM_TIMER:            // 定时器响应
        if (wParam == 1)
        {
            Update(timeStep/100);   // 更新游戏内容
            // 让窗口变为无效,从而触发重绘消息
            InvalidateRect(hWnd, NULL, TRUE);
        }
```

```
        break;
    case WM_SIZE:               // 窗口缩放消息，获取窗口的尺寸
        wndWidth = LOWORD(lParam);
        wndHeight = HIWORD(lParam);
        break;
```

上面这三个消息主要进行了一些初始化工作，在程序启动时设置定时器，在定时器响应消息中对游戏状态进行更新，并通过窗口缩放消息获知当前窗口的尺寸。接下来，对玩家的输入消息进行响应，这个过程主要通过调用前面介绍的自定义函数来完成。

```
    case WM_CHAR:
        {
            InvalidateRect(hWnd, NULL, TRUE);        // 重绘屏幕
            if ((wParam >= 'A' && wParam <= 'Z')||
                (wParam >= 'a' && wParam <= 'z'))
            // 如果玩家输入字母,则处理玩家的输入
            {
                int hit = InputChar(wParam, &nInput, inputs);
                if(hit != -1)         // 如果有单词击中,则生成新的单词
                {
                    GenerateWord(hit);
                    ResetInputs();
                }
            }
            else if (wParam == ' ')// 玩家输入空格,则重置当前输入
                ResetInputs();
            break;
        }
```

接下来，在绘制消息中，仍旧使用双缓存机制，避免出现因画面内容逐帧变化引起的画面闪烁问题。

```
    case WM_ERASEBKGND:          // 不擦除背景,避免闪烁
        break;
```

```
    case WM_PAINT:
        {
            hdc = BeginPaint(hWnd, &ps);
// 以下步骤是为了避免屏幕闪烁,将画面绘制到内存中,一次性拷贝到屏幕上
            //创建内存HDC
            HDC memHDC = CreateCompatibleDC(hdc);

            //获取客户区大小
            RECT rectClient;
            GetClientRect(hWnd, &rectClient);

            //创建位图
            HBITMAP bmpBuff =
CreateCompatibleBitmap(hdc,wndWidth,wndHeight);
            HBITMAP pOldBMP = (HBITMAP)SelectObject(memHDC, bmpBuff);
            PatBlt(memHDC,0,0,wndWidth,wndHeight,WHITENESS);

            // 进行真正的绘制
            PrintWords(memHDC);

            //拷贝内存HDC内容到实际HDC
            BOOL tt = BitBlt(hdc, rectClient.left, rectClient.top,
wndWidth, wndHeight, memHDC, rectClient.left, rectClient.top, SRCCOPY);

            //内存回收
            SelectObject(memHDC, pOldBMP);
            DeleteObject(bmpBuff);
            DeleteDC(memHDC);

            EndPaint(hWnd, &ps);
```

```
            break;
        }
```

最后，在程序退出消息中进行一些善后工作。

```
    case WM_DESTROY:
        KillTimer(hWnd,1);          // 程序退出时，将定时器删除
        PostQuitMessage(0);
        break;
```

游戏最后的运行画面如图 8-1 所示。

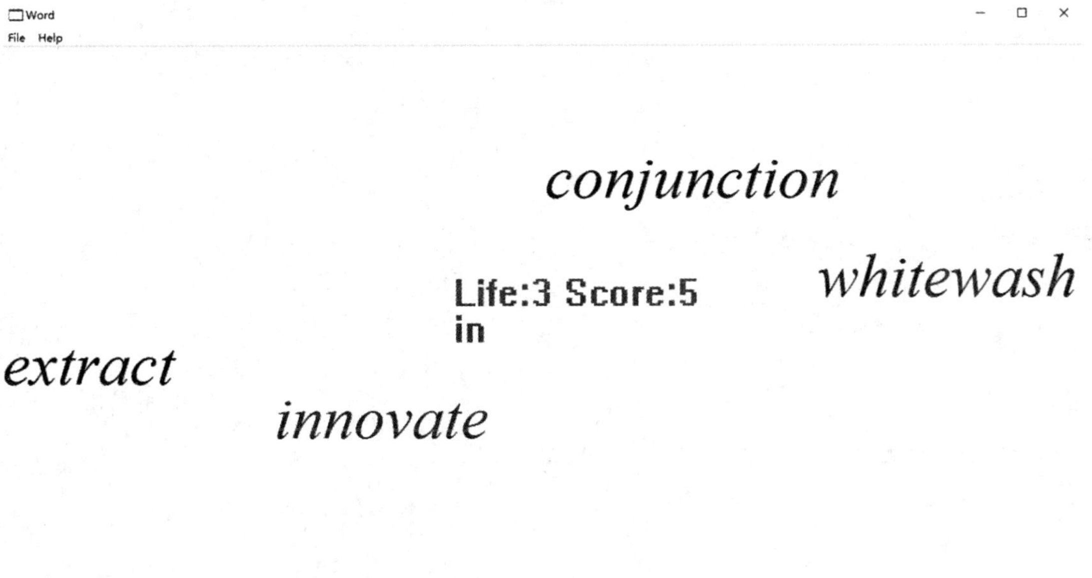

图 8-1 游戏运行画面

8.6 小结

本章主要是在第 7 章的基础上，学习一种特殊的数组——字符串。C 语言并没有将字符串作为基本数据类型，而是将其用字符数组的形式保存。通过结合字符串处理的库函数，我们可以使用 C 语言灵活地进行关于字符串的操作。在后面的实践部分，我们通过一个名为"单词英雄"的游戏，对字符串的使用有了更加深入的了解。在这个游戏中，我们使用了较多的编程技巧，比如通过二进制位操作进行游戏状态的管理，通过 memset 等内存操作函数对数组进行更加高效的赋值。

上机练习题

希望读者通过“单词英雄”这个游戏，不仅掌握字符串的使用方法，也能够了解游戏编程中的一些常用技巧以及规范的游戏编写流程。读者可以在这个游戏代码的基础上，进行如下改进：

1.增加单词量；

2.提高单词部分匹配的识别度，用高亮显示部分匹配的字母并放大字体。

第 9 章　用户自定义数据类型

要点提示

在前面的章节中，我们已经详细讨论了 C 语言支持的基本数据类型，结合第 7 章的数组和指针，可以很灵活地对程序中的数据进行组织管理。然而，数组只能对相同类型的数据进行组织，在一些场合可能需要将不同类型的数据组织到一起。比如游戏中的玩家角色，可能包含姓名、健康值、攻击力和魔法等信息，这些数据的类型并不相同，但它们都属于玩家角色。在这种情况下，就需要用到用户自定义数据类型。程序员通过自定义的方式，构造 C 语言所不支持的复合类型。本章要点是学习 C 语言支持的用户自定义数据类型，包括结构体、共用体和枚举类型。

9.1　结构体

由不同类型数据构成的组合型数据结构就是结构体，结构体类型和结构体变量是其两个具体实现。结构体声明的一般形式为：

```
struct  结构体名
{  成员列表  };
```

其中，成员列表可以是任何类型的变量，包括本章将要学习的用户自定义数据类型。

我们以游戏玩家为例来说明结构体的用法。由于玩家不能仅用一个基本数据类型表示，并且由于玩家所包含的信息比较复杂，也不适合用数组来表示，所以，我们通过下面的方式声明一个游戏中玩家的结构体类型，用这种类型的变量保存玩家的信息。

```
struct Player
{
    char name[16];
```

```
    int health;
    float damage;
    char magic;
};
```

这个结构体类型包含四种不同类型的成员变量（也称为域）：name 属于字符数组，保存玩家姓名；health 属于整型，保存玩家健康值；damage 属于浮点型，保存玩家的攻击伤害；magic 属于字符型，保存玩家的魔法种类。通过这四个成员变量，可以完整地描述一个玩家的信息。

可以通过下面的语句定义一个游戏中的新玩家变量。从这个变量 p1 的声明形式可以看出，它和前面介绍的基本类型变量十分类似，只不过将变量类型修改成了结构体类型。

```
    struct Player p1;
```

也可以在声明结构体类型的同时对变量进行定义：

```
struct Player
{成员列表} p1, p2;
```

如果程序中只使用这两个结构体变量，则结构体类型名 Player 也可以省略，变为：

```
struct
{成员列表} p1, p2;
```

在玩家结构体中，包含了许多类型不同的成员，这些成员并不是独立存在的，而是隶属于玩家，这是它们和普通变量的本质区别。在定义好结构体变量 p1 后，无法对 p1 整体进行修改，只能对它内部的成员变量进行存取，方式和普通变量相同。C 语言中使用点号表示成员变量与结构体变量的隶属关系，其一般形式为：

```
结构变量名.成员名
```

比如对玩家结构体变量 p1 进行赋值，可以采用下面的方式：

```
    struct Player p1;
    gets(p1.name);
    scanf("%d%f%c", &p1.health, &p1.damage, &p1.magic);
```

也可以在定义结构体变量的同时对变量进行初始化，初始化方式类似于数组。和数组初始化不同的是，大括号中的初值类型与结构体成员变量的类型对应，但它们的类型并不一定相同。

```
struct Player
{
    char name[16];
    int health;
    float damage;
    char magic;
}p1 = {"John", 80, 45.3, 'A'}, p2 = {"Mike", 100, 56.2, 'C'};
    struct Player p3 = {"Bob", 100, 32.2, 'B'};
```

从上面的介绍可以看出，其实在大部分情况下，结构体类型和其他基本类型并没有什么区别。可以像基本类型一样，构造结构体类型数组，也可以通过指针的方式间接存取结构体变量。比如下面的三个玩家变量，可以通过结构体数组来保存：

```
    struct Player p[3];
```

下面的程序片段，则通过结构体指针来存取所指向的结构体变量：

```
    struct Player p[3];
    struct Player *t = p;
    for (int i = 0; i < 3; i++)
    {
        t = p + i;
        gets((*t).name);
        scanf("%d%f%c", &(*t).health, &(*t).damage, &(*t).magic);
    }
```

由于 C 语言中有大量通过指针方式对结构体变量进行存取的情况，因此可以通过一个特殊的指向符号来访问成员变量，其一般形式为：

```
结构体指针变量->成员名
```

指向符号由减号和大于号组成，可以使用指向符号来引用结构体变量 t 的成员：

```
t->name, t->health, t->damage, t->magic;
```

结构体变量、结构体数组和结构体指针也可以像其他基本类型变量那样作为函数参数和函数返回值。除了不能直接使用整个结构体变量，而需要分别存取结构体成员变量之外，结构体类型变量和其他基本类型变量并无本质区别。

9.2 共用体

出于节约存储空间和便于程序编写的目的，有时需要将多种不同类型的数据放在一个存储空间内。按照第 2 章中对变量存储方式的分析，这个要求并不容易实现。因为不同类型的数据在内存中所占的空间不同，而且二进制编码存储的方式也有很大区别，同样的二进制数据由于所表示的数据类型不同，可以有多种解读。C 语言中使用共用体来处理这种情况，共用体表示几个变量共用一个内存位置，这些变量类型可以不同，甚至可以是用户自定义类型。共用体也被称为联合体，它的声明和结构体类似：

```
union 共用体名 {
数据类型 1   成员名 1;
数据类型 2   成员名 2;
……
数据类型 n   成员名 n;
};
```

定义共用体变量的方式也和结构体类似：

```
    union 共用体名 共用体变量;
```

共用体中的成员 1、成员 2……成员 n 共用一个内存位置，同一时刻只有一个成员起作用。系统会按所需内存最大的成员为共用体变量分配空间。存取共用体变量的某个成员时，系统会以这个成员的类型作为存取依据。共用体成员的访问方式和结构体一样，可以使用点号方式：

```
共用体变量名.成员名
```

当使用共用体指针访问成员变量时，也可以采用指向方式：

```
共用体指针变量->成员名
```

共用体可以出现在结构体内，结构体也可以出现在共用体内，例如：

```
union{
    short int value;
    struct{
        unsigned char first;
        unsigned char second;
    }half;
}number;
```

在这个共用体中，短整型成员变量value和结构体成员变量half将共用一段内存。声明这样一个共用体的一个有趣之处是，为短整型类型的成员变量 value 赋值以后，可以通过结构体类型成员变量 half 中的 first 和 second 这两个成员分别存取 value 的低和高字节部分。因为共用体成员 value 和 half 所占据的空间相同，都是 2 个字节，所以整个共用体占用 2 个字节空间。但由于 half 成员属于结构体，结构体成员分别处于低字节位和高字节位。因此，在共用体变量保存 value 值之后，可以通过 half 中的两个成员强制将内存解读为这种结构体类型，并通过 first 和 second 两个占用 1 个字节的成员来访问 value 的低和高字节部分。这样就实现了高效率地在 int 型变量和它的高、低字节之间的切换访问。比如在 main 函数中使用下面的代码片段，可以为共用体中的 value 进行赋值，也可以使用共用体中的另一个 half 成员解读 value，分别得到它的高、低两个字节数据。

```
number.value = 0x2201;
printf("number=%d,first=%d,second=%d\n", number.value,
number.half.first, number.half.second);
```

代码输出为：

number=8705，first=1，second=34

从上面的例子可以看出，共用体和结构体虽然在用法上相似，但它们是完全不同的用户自定义数据类型，主要区别如下：

- 结构体和共用体都是由多个不同的数据类型成员组成的，但在任何时刻，共用体只能存放一个被选中的成员，而结构体可以存放所有成员。
- 为共用体的不同成员赋值，会改变其他成员的值；为结构体的不同成员赋值，其他成员不受影响。
- 结构体变量所占内存长度是各成员所占内存长度之和，每个成员分别有其自己的内存单元；共用体变量所占内存长度等于最长成员的长度，共用体变量地址和其成员地址是同一地址。

9.3　枚举

所谓“枚举”，就是指把可能的值一一列举出来，枚举类型变量的值只限于在列举出来的值中选择。如果一个变量只有几种可能的值，则可以定义为枚举类型。枚举类型在程序开发中有重要作用，比如在游戏中攻击方式只能从有限多个方式中选择，一个星期只能从 7 种状态中选择，等等。声明枚举类型用 enum 开头，其一般形式为：

```
enum 枚举名{
    标识符 1 [=整型常数],
    标识符 2 [=整型常数],
    ……
    标识符 n [=整型常数]
};
```

声明枚举类型之后，可以用它来定义枚举变量：

```
enum 枚举名 枚举变量;
```

比如可以将游戏中能够使用的武器采用枚举方式进行声明，玩家只能从这些武器中进行选择。下面的程序片段允许玩家通过选择武器编号，获得对应的武器。

```
enum Weapon{
    sword, bow, stick, wand
};
    enum Weapon player_weapon;
    printf("Please select the weapon for the player\n");
    printf("0.sword, 1.bow, 2.stick, 3.wand\n");
    scanf("%d", &player_weapon);
    char *s;
    switch (player_weapon)
    {
    case sword:
        s = "The player will use sword\n";
        break;
    case bow:
        s = "The player will use bow\n";
        break;
    case stick:
        s = "The player will use stick\n";
        break;
```

```
    case wand:
        s = "The player will use wand\n";
        break;
    default:
        s = "Please select proper number\n";
        break;
    }
    printf("%s", s);
```

从上面的例子可以看出，每个枚举元素其实都是一个整数，C 语言编译按定义时的顺序默认它们的值为 0、1、2、3、4、5……枚举变量可以按照整型方式进行比较操作。编译器对枚举类型的枚举元素按常量处理，故也称枚举常量，因此不能更改枚举元素的值。

如果想人为改变枚举元素对应的数值，可以在声明枚举类型时为元素指定特定的数值，比如：

```
enum Weekday{sun=7, mon=1, tue, wed, thu, fri, sat}workday;
```

指定枚举元素 sun 的值为 7，mon 为 1，后面未指定数值的元素会按顺序自动加 1。

使用枚举时，有以下几点要注意：

- 枚举中每个成员的结束符是逗号，而不是分号，最后一个成员可以省略逗号。
- 枚举成员的初始化值可以是负数。
- 枚举元素只能取枚举结构中的某个标识符常量，不可以在枚举范围之外。

9.4　使用 typedef

在使用前面介绍的三种用户自定义数据类型进行变量定义时，比其他基本类型繁琐，因为需要同时使用类型关键字和类型名来定义变量，比如：

```
struct Player p;
```

如果使用 VC 编译器编写代码，则可以省略类型关键字，直接使用类型名对变量进行定义，比如上面的代码可以修改为：

```
Player p;
```

但这属于 C++语言的特性，将用户自定义类型当作类（class）对待。纯 C 语言编译器并不支持这种做法。

为了在定义某些类型数据时更加简洁，使程序移植和维护更加便利，需要对已有的类型取一个别名，之后可以用这个别名来代表这种类型。我们用 typedef 来实现这个功能，比如：

```
typedef int Integer;
typedef float Real;
```

这样，当声明一个整型或浮点型变量时，就可以用新名称来代替。

```
Integer i,j;
Real a,b;
```

下面的代码片段为表示星期的枚举类型起了一个别名，并用这个别名来定义一个变量。

```
typedef enum {sun=7, mon=1, tue, wed, thu, fri, sat}Week;
Week w;
```

通过这个别名，变量 w 就被声明为这种枚举类型，而不需要添加 enum 关键字。

也可以通过 typedef 命名一个新的类型名代表数组类型。

```
typedef int Num[100];
Num a;
```

变量 a 被声明为具有 100 个成员的整型数组。

还可以命名一个新的类型名代表一个指针类型。

```
typedef char *String;
String p, s[10];
```

p 被声明为一个字符串类型，而 s 被声明为包含 10 个字符串的数组。

随着数据类型越来越复杂，使用 typedef 起别名时可能被人混淆，因此，可利用下面的技巧得到一个新的类型名：

（1）先按定义变量的方法写出定义语句；

（2）将变量名换成新类型名；

（3）在最前面加关键字 typedef；

（4）用新类型名定义变量。

可以按照上面的技巧，为玩家结构体指针类型定义一个新的名称：

```
(1)      struct Player* t;
(2)      struct Player* PPlayer;
```

```
(3)     typedef struct Player* PPlayer;
(4)     PPlayer p;
```

9.5　简化版坦克大战

在这个简化版坦克大战中，游戏场景的顶端三个点随机生成两种不同的敌人坦克，玩家坦克在下方居中。方向键控制坦克前进方向，空格键发射炮弹。游戏场景中没有障碍物，坦克用基本形状来表示，用不同颜色进行区分。游戏运行画面如图 9-1 所示。

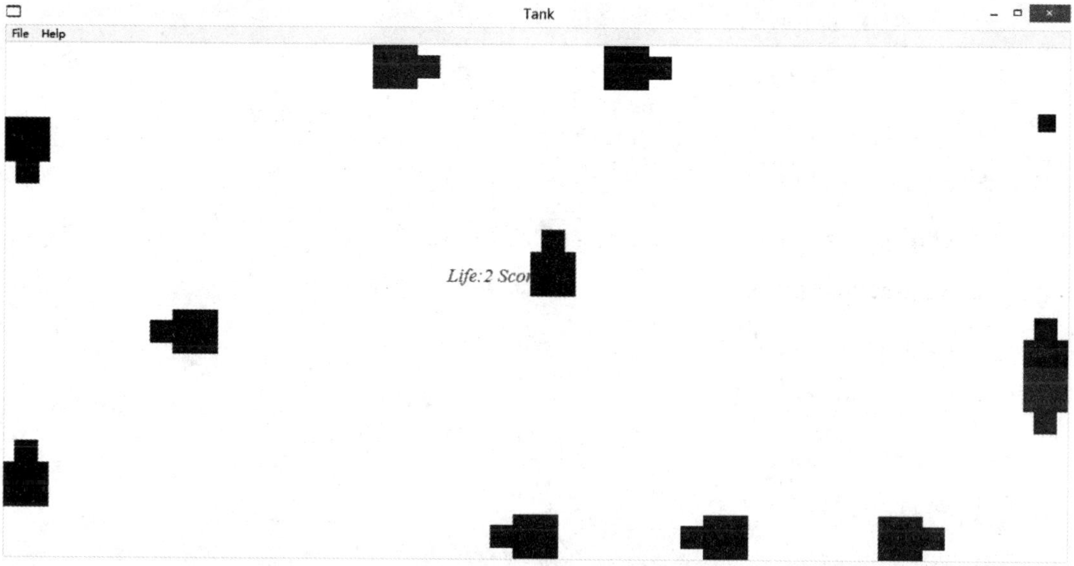

图 9-1　游戏运行画面

在建立好的 Win32 工程的主程序文件前面，声明两个本章所学的用户自定义数据类型：使用枚举类型表示物体运动的四个方向；使用结构体表示游戏中的物体，游戏物体结构体中还包含了枚举类型的成员变量。

```
enum Dir{UP, DOWN, LEFT, RIGHT};  // 枚举类型，运动物体可能的运动方向
typedef struct               // 游戏中的坦克结构体
{
```

```
    int x, y;           // 位置
    Dir dir;            // 方向
    int v;              // 速率
    int s;              // 边长，正方形
    int b;              // 是否是炮弹
    int p;              // 是否停止,只有玩家才可能停止
    int e;              // 是否是敌人坦克
    COLORREF c;         // 颜色
}Entity;
```

接下来，定义游戏中要用的常量和变量，用于在全局空间中存取游戏信息。

```
#define MAX_ENEMY 16          // 最多敌人坦克数
#define MAX_BULLETS 32        // 最多炮弹数量
int nLife = 3;                // 玩家生命
int nScore = 0;               // 玩家得分
int nBullet = 0;              // 玩家发射的炮弹数量
int nEnemyBullet = 0;         // 敌人坦克发射的炮弹数量
int nEnemy = 0;               // 当前的敌人坦克数量
int timeStep = 20;            // 定时器时间间隔
int sz = 50;                  // 坦克尺寸
int velf = 4;                 // 快速坦克速率
int vels = 2;                 // 慢速坦克速率
int szb = 20;                 // 炮弹尺寸
int velb = 6;                 // 炮弹速率
int enemyFirePer = 300;       // 敌人坦克发射炮弹的随机比例
int enemyDir = 200;           // 敌人坦克改变方向的随机比例
int bFire = 0;                // 玩家是否处于射击状态
Entity enemys[MAX_ENEMY];  // 敌人坦克数组
Entity player;                // 玩家
Entity bullets[MAX_BULLETS];       // 玩家炮弹数组
Entity enemyBullets[MAX_BULLETS]; // 敌人坦克炮弹数组
```

```
int wndWidth = 0;   int wndHeight = 0;// 窗口尺寸
```

按照第 8 章中对游戏函数的分类方法，将自定义函数分为四种类型：游戏启动、游戏交互、游戏逻辑判断和游戏绘制。

在游戏启动阶段，对游戏中的玩家和敌人进行初始化。

```
// 重置玩家信息,恢复到初始状态
void ResetPlayer()
{
    player.s = sz;
    player.b = 0;
    player.c = RGB(122,30,0);
    player.dir = UP;
    player.v = vels;
    player.x = wndWidth/2;
    player.y = wndHeight-sz;
    player.p = 1;
    player.e = 0;
}
// 游戏初始化
void Init()
{
    for(nEnemy = 0; nEnemy < MAX_ENEMY; nEnemy++)
    {
        enemys[nEnemy].s = sz;
        enemys[nEnemy].b = 0;
        enemys[nEnemy].e = 1;
        enemys[nEnemy].dir = Dir(UP+rand()%4); // 随机选择一个前进方向
        // 在两种速度之间以 50%的概率随机选择一种
        enemys[nEnemy].v = rand()%2==0?velf:vels;
        enemys[nEnemy].c = enemys[nEnemy].v ==
velf?RGB(0,122,122):RGB(0,60,30); // 两种速度坦克的颜色不一样
```

```
        // 随机出生点
        enemys[nEnemy].x = (rand()%3)*(wndWidth-sz)/2 + sz/2;
        enemys[nEnemy].y = sz;
        enemys[nEnemy].p = 0;
    }
    ResetPlayer();
}
```

游戏交互函数主要有玩家移动和射击两种。

```
// 特定游戏实体依据朝向和速度进行移动
void Move(Entity *ent, int ts)
{
    if (ent->p)
        return;
    switch(ent->dir)
    {
    case UP:
        ent->y -= ent->v * ts;
        break;
    case DOWN:
        ent->y += ent->v * ts;
        break;
    case LEFT:
        ent->x -= ent->v * ts;
        break;
    case RIGHT:
        ent->x += ent->v * ts;
        break;
    }
}
// 特定实体进行射击
```

```
void Fire(const Entity* ent)
{
    // 判断是敌人坦克还是玩家坦克发射炮弹
    Entity *pBulletes = (ent->e)?enemyBullets:bullets;
    int nB = (ent->e)?nEnemyBullet:nBullet;
    if (nB >= MAX_BULLETS)
        return;
    (pBulletes+nB)->s = szb;
    (pBulletes+nB)->b = 1;
(pBulletes+nB)->e = 0;
    // 敌人坦克发出炮弹和玩家坦克发出的不一样
    (pBulletes+nB)->c = (ent->e)?RGB(0,0,255):RGB(255,0,0);
    (pBulletes+nB)->dir = ent->dir;
    (pBulletes+nB)->v = velb;
    (pBulletes+nB)->x = ent->x;
    (pBulletes+nB)->p = 0;
    (pBulletes+nB)->y = ent->y;
    switch(ent->dir)   // 炮弹方向就是此时射击坦克的朝向
    {
    case UP:
        (pBulletes+nB)->y -= ent->s;
        break;
    case DOWN:
        (pBulletes+nB)->y += ent->s;
        break;
    case LEFT:
        (pBulletes+nB)->x -= ent->s;
        break;
    case RIGHT:
        (pBulletes+nB)->x += ent->s;
```

```
            break;
        }
        if (ent->e)
            nEnemyBullet++;
        else
            nBullet++;
    }
```

该游戏的逻辑判断比较复杂，除每帧游戏状态需要更新之外，还需要判断玩家和敌人坦克是否发生碰撞，炮弹和射击目标是否发生碰撞，玩家或敌人坦克是否到了场景边界等，敌人坦克还会随机向其他无障碍的方向前进。这些逻辑判断函数主要有以下几个：

```
// 将特定的实体从数组中删除,后续元素向前移动
void Destroy(Entity ents[], int n, int *num)
{
    memcpy(ents+n, ents+n+1, sizeof(Entity)*((*num)-1-n));
    (*num)--;
}
// 判断两个实体是否发生碰撞,以正方形之间发生碰撞来判断
int IsCollide(const Entity *ent1, const Entity *ent2)
{
    if (ent1->x+ent1->s/2 <= ent2->x-ent2->s/2 || ent1->x-ent1->s/2 >=
ent2->x + ent2->s/2)
        return 0;
    if (ent1->y+ent1->s/2 <= ent2->y-ent2->s/2 || ent1->y-ent1->s/2 >=
ent2->y + ent2->s/2)
        return 0;
    return 1;
}
// 判断特定实体是否和边界发生碰撞
int WallCollide(Entity *ent)
{
```

```
int bC = 0;
switch(ent->dir)
{
case UP:
    if ((ent->y - ent->s/2) < 0)            // 上边界
    {
        bC = 1;
        ent->y = ent->s/2;
    }
    break;
case DOWN:
    if ((ent->y + ent->s/2) > wndHeight)    // 下边界
    {
        bC = 1;
        ent->y = wndHeight - ent->s/2;
    }
    break;
case LEFT:
    if((ent->x - ent->s/2) < 0)             // 左边界
    {
        bC = 1;
        ent->x = ent->s/2;
    }
    break;
case RIGHT:
    if((ent->x + ent->s/2) > wndWidth)      // 右边界
    {
        bC = 1;
        ent->x = wndWidth - ent->s/2;
    }
```

```
        break;
    }
    if (bC)
    {
        if (ent->e)  // 如果敌人坦克和边界发生碰撞,则随机生成新的运动方向
            ent->dir = Dir((ent->dir+1+rand()%3)%4);
        else        // 如果玩家坦克和边界发生碰撞,则玩家坦克停止
            ent->p = 1;
    }
    return bC;
}
// 更新各种游戏信息,定时器消息中会调用这个函数
void Update(int ts)
{
    // 可移动物体位置进行更新
    Entity* ent = NULL;
    for (int i = 0; i < nEnemy; i++)     // 敌人坦克位置更新
    {
        ent = enemys+i;
        Move(ent, ts);
        if ((rand()%enemyFirePer) == 0)
            Fire(ent);
    }
    for (int i = 0; i < nBullet; i++)    // 玩家炮弹位置进行更新
    {
        ent = bullets+i;
        Move(ent, ts);
    }
    for (int i = 0; i < nEnemyBullet; i++) // 敌人炮弹位置进行更新
    {
```

```
        ent = enemyBullets+i;
        Move(ent, ts);
    }
    Move(&player, ts);                        // 玩家位置进行更新

    if (bFire)                                // 如果玩家处于射击状态,则发射炮弹
    {
        Fire(&player);
        bFire = 0;
    }
    // 判断炮弹是否和敌人坦克碰撞
    for(int i = 0; i < nBullet; i++)
    {
        for (int j = 0; j < nEnemy; j++)
        {
            if (IsCollide(&bullets[i], &enemys[j]))
            {
                Destroy(bullets, i, &nBullet);
                Destroy(enemys, j, &nEnemy);
                nScore++;
                i--;
                j--;
                break;
            }
        }
    }
    // 判断敌人炮弹是否和玩家坦克碰撞
    for(int i = 0; i < nEnemyBullet; i++)
    {
        if (IsCollide(&enemyBullets[i], &player))
```

```
        {
            Destroy(enemyBullets, i, &nEnemyBullet);
            ResetPlayer();
            nLife--;
            i--;
            break;
        }
    }
    // 判断敌人坦克是否和玩家坦克碰撞
    for (int i = 0; i < nEnemy; i++)
    {
        if (IsCollide(&player, &enemys[i]))
        {
            ResetPlayer();
            nLife--;
        }
    }
    // 判断各种实体是否和游戏边界发生碰撞
    for (int i = 0; i < nEnemy; i++)    // 敌人坦克
    {
        ent = enemys+i;
        if (!WallCollide(ent))      // 有一定概率改变方向
        {
            if (rand()%enemyDir == 0)
                ent->dir = Dir((ent->dir+1+rand()%3)%4);
        }
    }
    for (int i = 0; i < nBullet; i++)   // 玩家炮弹
    {
        ent = bullets+i;
```

```
        if (WallCollide(ent))
        {
            Destroy(bullets, i, &nBullet);
            i--;
        }
    }
    for (int i = 0; i < nEnemyBullet; i++)  // 敌人炮弹
    {
        ent = enemyBullets+i;
        if (WallCollide(ent))
        {
            Destroy(enemyBullets, i, &nEnemyBullet);
            i--;
        }
    }
    WallCollide(&player);                  // 玩家
}
```

在上面的游戏逻辑判断函数中，Update 会逐帧被调用，以便更新游戏状态信息，它也会调用其他函数来完成具体功能。如通过调用 Move 函数对游戏中的所有实体进行位置更新。如果检测到玩家按下开火键，则调用 Fire 函数进行开火。通过调用碰撞检测函数来判断游戏中的各种实体是否发生碰撞，如有，则据此改变实体的状态信息，甚至还可以通过调用 Destroy 函数将实体从数组中删除。

在绘制方面，本游戏也比较复杂。我们用基本图形表示游戏中的物体，按照朝向的不同，调整这些基本图形的位置，以便模拟坦克转向。

```
// 绘制参数指定的游戏实体
void DrawEntity(HDC hdc, const Entity *ent)
{
    HBRUSH brush;
    brush = CreateSolidBrush(ent->c); // 按照实体指定的颜色创建笔刷
    RECT rc;                          // 实体长方形
```

```
rc.top = ent->y-ent->s/2;
rc.left = ent->x-ent->s/2;
rc.bottom = ent->y+ent->s/2;
rc.right = ent->x+ent->s/2;
FillRect(hdc, &rc, brush);            // 绘制实体主体
if (!ent->b)    // 如果这个实体不是炮弹,则依据朝向绘制炮筒
{
    switch(ent->dir)
    {
    case UP:
        rc.bottom = rc.top;
        rc.top = rc.bottom - ent->s/2;
        rc.left = rc.left + ent->s/4;
        rc.right = rc.right - ent->s/4;
        break;
    case DOWN:
        rc.top = rc.bottom;
        rc.bottom = rc.bottom + ent->s/2;
        rc.left = rc.left + ent->s/4;
        rc.right = rc.right - ent->s/4;
        break;
    case LEFT:
        rc.right = rc.left;
        rc.left = rc.left - ent->s/2;
        rc.bottom = rc.bottom - ent->s/4;
        rc.top = rc.top + ent->s/4;
        break;
    case RIGHT:
        rc.left = rc.right;
        rc.right = rc.right + ent->s/2;
```

```
            rc.bottom = rc.bottom - ent->s/4;
            rc.top = rc.top + ent->s/4;
            break;
        }
        FillRect(hdc, &rc, brush);
    }
    DeleteObject(brush);                // 将使用完的笔刷删除
}
// 绘制整个游戏场景,在其中调用各自的绘制函数完整绘制
void DrawScene(HDC hdc)
{
    // 绘制游戏提示信息
    HFONT hf;
    WCHAR str[32];
    long lfHeight;
    lfHeight = -MulDiv(16, GetDeviceCaps(hdc, LOGPIXELSY), 72);
    hf = CreateFont(lfHeight, 0, 0, 0, 0, TRUE, 0, 0, 0, 0, 0, 0, 0, L"Times
New Roman");
    HFONT hfOld = (HFONT)SelectObject(hdc, hf);
    if (nLife <= 0)       // 如果玩家的生命值为 0,则显示结束画面
    {
        SetTextColor(hdc, RGB(122, 0, 0));
        TextOut(hdc, wndWidth/2-100, wndHeight/2-40,L"Game Over",9);
        SelectObject(hdc, hfOld);
        return;
    }
    // 显示游戏统计信息
    SetTextColor(hdc, RGB(100, 100, 100));
    wsprintf(str, L"Life:%d Score:%d", nLife, nScore);
    TextOut(hdc, wndWidth/2-100, wndHeight/2-40,str,wcslen(str));
```

```
    SelectObject(hdc, hfOld);  // 恢复默认字体
    DeleteObject(hf);

    // 绘制各种游戏实体
    Entity* ent = NULL;
    for (int i = 0; i < nEnemy; i++)          // 敌人坦克
    {
        ent = enemys+i;
        DrawEntity(hdc, ent);
    }
    for (int i = 0; i < nBullet; i++)         // 玩家坦克发射的炮弹
    {
        ent = bullets+i;
        DrawEntity(hdc, ent);
    }
    for (int i = 0; i < nEnemyBullet; i++)// 敌人坦克发射的炮弹
    {
        ent = enemyBullets+i;
        DrawEntity(hdc, ent);
    }
    DrawEntity(hdc, &player);                 // 玩家
}
```

介绍完自定义的函数、全局变量和常量之后，我们在主函数进入消息循环之前首先设置一些初始值：

```
    srand(time(NULL)); // 生成随机种子
    Init();            // 游戏信息初始化
```

接下来，把主要精力放在消息响应上。在游戏启动完毕之后，在首先触发的 WM_CREATE 消息中设置一个计时器，用于定时更新游戏状态，以便产生动画效果，并对一些情况及时进行处理。

```
    case WM_CREATE:           // 程序启动后,设置一个定时器
```

```
        SetTimer(hWnd,1,timeStep,NULL);
        break;
    case WM_TIMER:              // 定时器响应
        if (wParam == 1)        // 对游戏进行更新
        {
            if (nLife > 0)
                Update(timeStep/10);
            // 让窗口变为无效,从而触发重绘消息
            InvalidateRect(hWnd, NULL, TRUE);
        }
        break;
```

本游戏对于游戏边界，即游戏窗口的尺寸比较敏感，所以，应在窗口尺寸变化消息中，获取当前的窗口大小。

```
    case WM_SIZE:               // 获取窗口的尺寸
        wndWidth = LOWORD(lParam);
        wndHeight = HIWORD(lParam);
        break;
```

玩家通过键盘对游戏进行控制，程序通过判断玩家按下的方向键，决定玩家坦克的前进方向。程序还需要通过判断是否按下空格键来决定是否发射炮弹。需要注意的是，在这个消息中，只修改游戏状态，这些状态所造成的影响，放在更新函数 Update 中。更新函数会在固定时间被调用，因此，这些改变也会很快得到反馈。

希望读者仔细体会该游戏程序设计所坚持的“各司其职”的设计原则。比如在按键响应消息中，玩家按下方向键，只记录玩家结构体变量中方向的改变。如果按下空格键，只记录发射炮弹，在这个消息中并没有对状态改变所产生的结果进行处理。这些状态改变所造成的影响，都统一放到了 Update 函数中。这种各司其职的设计理念，有利于理清游戏的逻辑思路，控制游戏逻辑的复杂度，增强游戏的可维护性。

```
    case WM_KEYDOWN:            // 玩家按下键盘按键
        {
            InvalidateRect(hWnd, NULL, TRUE);
            switch (wParam) // 依据玩家输入的信息调整玩家控制的坦克状态
```

```
        {
        case VK_LEFT:
            player.dir = LEFT;
            player.p = 0;
            break;
        case VK_RIGHT:
            player.dir = RIGHT;
            player.p = 0;
            break;
        case VK_UP:
            player.dir = UP;
            player.p = 0;
            break;
        case VK_DOWN:
            player.dir = DOWN;
            player.p = 0;
            break;
        case VK_SPACE:  // 射击
            bFire = 1;;
            break;
        }
        break;
    }
```

在关于绘制的消息中，为了避免屏幕闪烁，仍采用双缓存机制，不需要擦除背景。另外，由于将具体的绘制操作封装到了 DrawScene 函数中，所以绘制消息中的代码变得十分简洁。

```
case WM_ERASEBKGND:        // 不擦除背景,避免屏幕闪烁
    break;
case WM_PAINT:
    {
```

```
            hdc = BeginPaint(hWnd, &ps);
    // 以下步骤是为了避免产生屏幕闪烁,将画面绘制到内存中,一次性拷贝到屏幕上
            //创建内存 HDC
            HDC memHDC = CreateCompatibleDC(hdc);
            //获取客户区大小
            RECT rectClient;
            GetClientRect(hWnd, &rectClient);
            //创建位图
            HBITMAP bmpBuff =
CreateCompatibleBitmap(hdc,wndWidth,wndHeight);
            HBITMAP pOldBMP = (HBITMAP)SelectObject(memHDC, bmpBuff);
            // 设置背景为白色
            PatBlt(memHDC,0,0,wndWidth,wndHeight,WHITENESS);
            // 进行真正的绘制
            DrawScene(memHDC);
            //拷贝内存 HDC 内容到实际 HDC
            BOOL tt = BitBlt(hdc, rectClient.left, rectClient.top,
wndWidth,wndHeight, memHDC, rectClient.left, rectClient.top, SRCCOPY);
            //内存回收
            SelectObject(memHDC, pOldBMP);
            DeleteObject(bmpBuff);
            DeleteDC(memHDC);
            EndPaint(hWnd, &ps);
            break;
        }
```

最后，需要在退出程序的消息中进行一些善后工作。本游戏只需删除游戏开始创建的定时器即可。

```
    case WM_DESTROY:
        KillTimer(hWnd,1);        // 程序退出时，将定时器删除
        PostQuitMessage(0);
```

```
        break;
```

9.6 小结

本章中介绍的用户自定义数据类型，进一步增强了编程语言表示数据的能力，使程序员能更加灵活地使用形式多样的数据。这些用户自定义数据类型在实际编程中十分有效，这可以从本章介绍的坦克游戏中得到佐证。在该游戏程序中，使用了结构体类型对游戏元素进行管理，将玩家、敌人和炮弹这些不同的游戏元素纳入统一的结构体中，只利用结构体中的部分变量进行区分。这种面向对象的策略，给游戏代码管理带来了极大的便利，比如可以使用同样的函数对这些元素进行更新、绘制。将不同种类的元素分别组织为结构体数组，对这些元素进行处理时，可以采用循环遍历数组的方式，代码简洁、效率较高。

上机练习题

请读者在给出的坦克游戏的基础上，从以下 3 个方面对游戏进行改进：

1.添加胜利画面；

2.允许玩家重新开始游戏；

3.为炮弹运动增加动画效果。

第 10 章　文件

要点提示

我们在使用电脑的过程中，会接触到大量文件。比如玩一个游戏，要启动一个游戏的可执行文件；编辑一个文档，要打开一个 Word 文档文件；看一张照片，要打开一个图像文件。这些文件虽然种类不同，但都是在电脑硬盘中存储的格式化数据，从这个角度看，它们其实都是一样的。本章的要点是学习用 C 语言编程的方式，在程序中存取文件。本章还将通过改写上一章介绍的坦克游戏，帮助读者掌握程序中各种文件的使用方式。

10.1　文件简介

文件的不同种类最直观的体现就是其后缀名（Filename Extension，或作扩展名），比如可执行文件后缀为 exe，记事本文档文件后缀名为 txt，一些音乐文件后缀名为 mp3 等。这些后缀名决定了启动文件时操作系统用什么方式对其进行解读。比如 exe 文件启动时，系统会直接执行这个文件；双击 txt 文件时，系统会调用记事本程序；mp3 文件则会被系统安装的音频播放软件打开。操作系统通过文件的后缀名识别它属于哪种类型文件，然后在注册表中寻找能够读取文件的程序，启动程序对文件进行读取。

文件后缀名是早期操作系统（DOS）用来记录文件格式的一种机制。DOS 操作系统（包括 Windows 3.x）把文件后缀名限制在 3 个字符以内，后续的操作系统虽然允许后缀名最多有 256 个英文字符，但依然有很多文件延续了以 3 个字母为后缀名的传统。

大多数时候，后缀名对于普通用户是隐藏的，但可以通过对文件夹选项的修改使其变为可见。操作系统通过后缀名可以将文件图标显示为特定打开程序类型的图标，便于用户识别。后缀名不会影响文件的本质内容，不能通过将 txt 文件后缀名修改为 exe 文件，就让它变为可执行文件；也不能将 txt 文件后缀名修改为 mp3，就让它变为音乐文件。如果用户尝试这样做的话，操作系统会按照修改后的文件类型解读这些文件，但大多数情况下会失败。

文件存储到硬盘上时，必须能够唯一标识。通过前面介绍的文件名和文件后缀名虽然可以确定文件的很多有用信息，但还无法做到对文件进行唯一标识。比如可以将同样一个文件拷贝到硬盘的不同地方，只靠文件名是无法区分这两个文件的，需要将文件的存储路径也加入进来作为文件的标识，文件存储路径使用层次化方式指明文件保存的位置。如图 10-1 所示，可以通过查看文件属性的方式来获取文件的存储路径，图中的 cpp 程序文件保存在路径“C:\Users\Han\Documents\Visual Studio 2010”中。两个具有相同文件名及后缀的文件可以同时保存在不同的路径中，但相同路径下，文件不能重名。

图 10-1　使用“属性”查看文件的存储路径

这种通过根目录到最终子目录查找文件的方式称为绝对路径索引，除此之外，还可以通过相对路径索引在程序中查找文件。相对路径是从当前路径开始的路径，假如要在图 10-1 所示的 Function 源代码中读取某个同样存储于该目录下的名为 img.jpg 的图片文件，那么这个图片文件可以省略路径，只需输入文件名即可。如果这个图片保存于当前路径的 Pics 目录下，则只需要输入“Pics\img.jpg”或者“.\ Pics\img.jpg”即可。如果所要使用的文件在当前目录的上层目录，则可以使用“..\”来表示上层目录。使用相对路径的好处是，无论使用文件的程序被保存到哪个位置，只要它们的相对保存位置不变，都可以通过相对路径找到对应的文件。但当程序中使用绝对路径时，如果程序发布给其他不同用户，就可能造成查找失败。

根据文件中保存数据的组织形式不同，文件可分为二进制文件和 ASCII 文件。如果将数据在内存中存储的二进制形式不加转换地输出到外存，就是二进制文件。如果要求在外存上以 ASCII 代码形式存储，每一个字节放一个字符的 ASCII 代码，就是 ASCII 文件。系统可以通过普通的文本读取程序打开这种文件，文件内容用户可读。字符一律以 ASCII 形式存储，数值型数据既可以用 ASCII 形式存储，也可以用二进制形式存储。假设有浮点数 3.141593，如果用 ASCII 形式输出，则在磁盘中占 8 个字节（每一个字符占一个字节，包括点号）；如果用二进制形式输出，则在磁盘上保存的是这个浮点数的二进制表示，只占 4 个字节。

10.2　打开及关闭文件

使用 C 语言对文件进行存取时，采用“缓存文件系统”处理文件。所谓缓存文件系统，是指系统自动在内存区为程序中每一个正在使用的文件开辟一个文件缓存区，在这个缓存区中，可以缓存文件数据及相关信息，如文件的名字、状态和当前位置等。从内存向磁盘输出数据必须先送到内存中的缓存区，待缓存区装满后将数据一起送到磁盘。如果从磁盘向计算机读入数据，程序将尽可能多的数据读入内存缓存区中，再从缓存区读入数据，当缓存区数据都读入完毕后，再继续从磁盘读入尽可能多的数据到缓存区中。采用缓存机制可以防止因频繁读写硬盘文件而带来的数据处理效率低下的问题。这种文件读取方式也称为“文件流”：读取时，文件里面的内容跟水流一样，顺序流入缓存区，然后由缓存区再流入程序；存储的时候则相反，程序将数据注入缓存区，然后再流入硬盘的文件中。

文件缓存信息会保存在一个结构体变量中，使用这个结构体变量可以获取详细的文件信息。该结构体变量类型是由系统声明的，取名为 FILE。FILE 结构体和其他相关的文件读写函数声明都放在“stdio.h”头文件中。

文件的读写一般分为三步：第一步，以特定方式打开或者创建一个文件；第二步，以特定方式读写这个文件；第三步，关闭这个文件。

所谓“打开”是指为文件建立相应的信息区（用来存放有关文件的信息）和文件缓存区（用来暂时存放输入、输出的数据）。可以使用 fopen 函数来完成文件的打开或者创建工作，其原型为：

```
FILE * fopen(const char * path, const char * mode);
```

该函数的参数path表示包含路径的文件名，mode为文件打开方式，采用字符串形式，具体说明见表 10-1。需要注意的是，使用表 10-1 中的方式打开文件，默认打开文本形式文件，即 ASCII 形式；如果要使用二进制形式打开文件，则需要在打开方式字符串后面添加“b”。可以将“b”直接添加到最后，也可以添加到“+”前面，如 rb、wb、ab、r+b、w+b、a+b，或者 rb+、wb+、ab+等。

表 10-1　文件打开方式的参数说明

打开方式	说明
r	以只读方式打开文件，该文件必须存在。
r+	以可读/写方式打开文件，该文件必须存在。
w	打开只写文件，若文件存在则长度清 0，即该文件内容消失，若不存在则创建该文件。
w+	打开可读/写文件，若文件存在则文件长度清 0，即该文件内容消失，若文件不存在则建立该文件。
a	以附加方式打开只写文件。若文件不存在，则建立该文件，如果文件存在，写入的数据会被加到文件尾，即文件原先的内容会被保留（EOF 符保留）。
a+	以附加方式打开可读/写的文件。若文件不存在，则建立该文件，如果文件存在，则写入的数据会被加到文件尾，即文件原先的内容会被保留（原来的 EOF 符不保留）。

文件顺利打开后，指向该文件流的指针（FILE*类型）就会返回。如果文件打开失败，则返回空指针 NULL，接下来的读写动作也无法顺利进行，所以在调用 fopen()后最好要判断其返回值，若有错误应及时进行处理。

相对于打开和读取文件操作，关闭文件的函数要简单得多，用 fclose 函数即可。其调用的一般形式为：

```
fclose(文件指针);
```

文件使用完毕以后一定要使用关闭函数关闭文件，否则会引发文件被占用及保存不完整等问题。其实，在编写程序的时候，都应该养成这种有始有终的习惯，程序退出之前释放所有被占用的资源。

10.3　文件读写

文件打开以后，可以根据打开模式，对文件进行读写操作。对文件进行读和写是程序中对文件进行的最常见操作， C 语言提供了多种文件读写函数，如表 10-2 所示。接下来，分别对这些文件读写函数进行介绍。

表 10-2　文件读写函数

功能	函数名
字符读写函数	fgetc 和 fputc
字符串读写函数	fgets 和 fputs
数据块读写函数	fread 和 fwrite
格式化读写函数	fscanf 和 fprinf

（1）字符读写函数

字符读写函数是以字符（字节）为单位的读写函数，每次可从文件读出或向文件写入一个字符。在第 2 章中介绍过，数据存储的基本单位是字符，因此采用字符读写函数可以恰好读写一个单位的数据。

读字符函数 fgetc，其功能是从打开的指定文件中读一个字符，其调用形式为：

```
字符变量=fgetc(文件指针);
```

在文件内部有一个位置指针，用来指向文件的当前读写字符。在文件打开时，该指针总是指向文件的第一个字符，使用 fgetc 函数后，该位置指针将向后移动一个字符。因此可连续多次使用 fgetc 函数，读取多个字符。

写字符函数 fputc，其功能是把一个字符写入指定的文件中，其调用形式为：

```
fputc(字符, 文件指针);
```

fputc 函数有一个返回值，如写入成功则返回写入的字符，否则返回一个 EOF，可据此判断写入是否成功。

（2）字符串读写函数

字符串读写函数是以字符串为单位对文件进行读写，每次从文件读出或向文件写入一个字符串。

读字符串函数 fgets 的功能是从指定的文件中读一个字符串到字符数组中，函数调用的形式为：

```
fgets(字符数组名, 字符数 n, 文件指针);
```

其中的参数 n 是一个正整数，表示从文件中读到的字符串不超过 n-1 个字符。读入的字符串存放于第一个参数指定的字符数组中，并在读入字符串之后添加字符串结束标记'\0'。如果在未读满 n-1 个字符时，已读到换行符或 EOF，则结束本次读操作。读入的字符串中包含读到的换行符。fgets 函数返回值是字符数组的首地址。

写字符串函数 fputs 的功能是向指定文件写入一个字符串，其调用形式为：

```
fputs(字符串, 文件指针);
```

其中字符串可以是字符串常量，也可以是字符数组名，或字符指针变量。

（3）数据块读写函数

上面介绍的四个文件读写函数都是针对 ASCII 数据类型文件的读写，而数据块读写函数 fread 和 fwrite 则可以用二进制方式向文件读写一组数据。这两个函数的调用形式分别为：

```
fread(buffer, size, count, fp);
fwrite(buffer, size, count, fp);
```

其中，buffer 是一个指针，在 fread 函数中，它表示存放输入数据的首地址；在 fwrite 函数中，它表示存放输出数据的首地址。size 表示数据块的字符数，count 表示要读写的数据块个数，fp 表示文件指针。

（4）格式化读写函数

还有一种更加灵活的文件读写方法是使用格式化读写函数 fscanf 和 fprintf。与针对标准输入、输出设备的格式化输入、输出函数 scanf 和 printf 类似，这些函数可以包含格式字符，用于将数据以某种特定格式从文件中读入或输出到文件中。fscanf 和 fprintf 函数中的前缀 f 表示的是文件 file。这两个函数的调用格式为：

```
fscanf(文件指针, 格式字符串, 输入表列);
fprintf(文件指针, 格式字符串, 输出表列);
```

（5）其他相关函数

上面介绍的几种文件读写函数，都是对文件进行顺序读写，读写完毕以后，文件位置指针顺序向后移动，为接下来的读写做准备。这比较容易理解和操作，但有时效率不高。而随机访问不是按数据在文件中的物理位置次序进行读写，而是可以对任何位置上的数据进行访问，这种方法比顺序访问效率要高。

文件位置指针可以根据需要向前移、向后移，移到文件头或文件尾，然后对该位置进行读写。这种关于文件随机读写的函数主要有 ftell、fseek 和 rewind。

ftell 函数能得到文件流当前的读写位置，其返回值是当前读写位置偏离文件头部的字符数，其函数原型为：

```
long ftell(FILE *fp)
```

fseek 函数能够把文件 fp 的读写位置指针移到指定的位置上，其函数原型为：

```
int fseek(FILE *fp, long offset, int origin)
```

其中 origin 指的是“起始点”，它有如下三个常量取值：

SEEK_SET ：文件开头

SEEK_CUR ：文件当前位置

SEEK_END ：文件末尾

rewind 函数能将文件位置指针重新指向这个文件流的开头，其函数原型为：

```
int rewind(FILE *fp)
```

可以使用这些函数，通过下面的代码来获取文件中字符的个数：

```
FILE *fs=fopen("文件名", "r"); // 以读方式打开一个文件
long length=0;                 // 文件长度
fseek(fs,0,SEEK_END);          // 将文件位置指针移动到文件最后
length=ftell(fs);              // 获得文件末尾到开头的字符个数
rewind(fs);                    // 将文件位置指针重置到文件最前
```

这些读写函数有时会发生错误，可以使用 ferror 函数来检查，其调用形式为：

```
ferror(文件指针);
```

每次调用输入、输出函数，都产生新的 ferror 函数值，如果返回值为 0，表示未出错，否则表示出错。ferror 函数常与 clearerr 函数一起使用，如果 ferror 发现错误，返回一个非 0 值，那么调用 clearerr 后，ferror 函数的返回值会被重置为 0。

10.4　在程序中使用外部文件

下一小节要介绍的“改进版坦克大战”游戏，将主要通过外部文件的方式，更灵活地对游戏进行控制。我们将介绍如何通过外部文件读入图片等资源，以便在游戏中使用。另外，还会介绍如何将游戏中可能需要经常变动的数值保存于外部文件中，这样，在游戏测

试过程中发现某些数值需要调整时，可以直接在这些外部文件中调整，而无须修改程序代码。这种将易变参数放置于外部文件中的方式，分工明确，使游戏程序和策划人员可以各司其职，提高开发效率。我们还将介绍如何将地图等游戏资源也转换为外部文件，程序通过解读这些文件完成对游戏世界的实时构建。

在学习这些内容之前，首先通过一个示例来全面了解文件的读写方法：要求随机生成一系列不同类型的数据（包括结构体），通过调用多种文件写函数，将它们分别保存为文本及二进制文件。当关闭这两个文件以后，再采用读的方式将它们打开，并将文件数据读入程序中。

```
typedef struct          // 声明一个结构体类型
{
    float arr[2];
    char c;
}Struct;
srand(time(NULL));      // 设定随机种子
// 以下得到各种类型的随机变量，后续会用多种方式将其保存到文件中
int n = rand();
float f = rand() / 66.3f;
int a[5] = {rand(), rand(), rand(), rand(), rand()};
char str[13] = "Hello World!";
Struct S;
S.arr[0] = rand() / 16.6f;
S.arr[1] = rand() / 16.6f;
S.c = 'a' + rand()%26;
// 分别打开两个待写入的文件，第二个文件以二进制方式打开
FILE *fpASCII = fopen("ASCII.txt", "w");
FILE *fpBinary = fopen("Binary.txt", "wb");

fprintf(fpASCII, "%d %f ", n, f);           // 格式化保存
fwrite(&n, sizeof(n), 1, fpBinary);         // 二进制数据块存储
fwrite(&f, sizeof(f), 1, fpBinary);
```

```
for (int i = 0; i < 5; i++)                    // 格式化保存
    fprintf(fpASCII, "%d ", a[i]);
fwrite(a, sizeof(int), 5, fpBinary);  // 二进制数据块存储
fputs(str, fpASCII);                           // 直接保存字符串
fwrite(str, 1, 13, fpBinary);                  // 二进制数据块存储
fprintf(fpASCII, "%f %f ", S.arr[0], S.arr[1]);// 格式化保存
fputc(S.c, fpASCII);                           // 保存字符
fwrite(&S, sizeof(Struct), 1, fpBinary);// 二进制数据块存储
// 关闭两个文件
fclose(fpASCII);
fclose(fpBinary);

// 将刚才保存的文件以读的方式打开，第二个文件以二进制方式读取
fpASCII = fopen("ASCII.txt", "r");
fpBinary = fopen("Binary.txt", "rb");
// 这些变量用于保存第一个文件中读出的内容
int ni = 0;
float fi = 0.f;
int ai[5];
char stri[13];
Struct Si;
// 使用 ASCII 方式读取第一个文件中的内容
fscanf(fpASCII, "%d%f", &ni, &fi);
for (int i = 0; i < 5; i++)
    fscanf(fpASCII, "%d ", ai+i);
fgets(stri, 13, fpASCII);
fscanf(fpASCII, "%f%f %c", Si.arr, Si.arr+1, &Si.c);

// 这些变量用于保存第二个文件中读出的内容
int ni2 = 0;
```

```
float fi2 = 0.f;
int ai2[5];
char stri2[13];
Struct Si2;
// 使用数据块方式读取第二个文件中的内容
fread(&ni2, sizeof(ni2), 1, fpBinary);
fread(&fi2, sizeof(fi2), 1, fpBinary);
fread(ai2, sizeof(int), 5, fpBinary);
fread(stri2, 1, 13, fpBinary);
fread(&Si2, sizeof(Struct), 1, fpBinary);
// 最后关闭打开的文件
fclose(fpASCII);
fclose(fpBinary);
```

将上面的代码放入 main 函数中就可以执行，读者也可以添加一些输出代码，将程序中的变量输出到控制台，以此查看文件读写内容是否一致。需要注意的是，在使用 ASCII 方式写文件的时候，需要通过添加空格或者回车的方式，对不同数据进行分隔，否则在读入阶段无法区分相邻的数据。从代码中对结构体的读写也可以看出，使用二进制数据块可以将结构体变量作为一个整体进行读写，这给程序编写带来很多方便。

10.5 改进版坦克大战

在改进版坦克大战中，游戏操作和上一章介绍的坦克大战类似：在游戏场景的顶端三个点随机生成两种不同的敌方坦克，玩家坦克在下方居中，方向键控制坦克前进方向，空格键发射炮弹。

主要改进的地方是使游戏具备了读取外部文件的功能，通过 ini 文件和自定义的 txt 文件分别保存游戏中的部分易变参数及游戏地图。游戏程序启动时，通过读取这些外部文件完成配置。这种不在代码中设置游戏参数的方式，避免了硬编码，易于游戏维护。策划人员可以在游戏可执行程序（exe）生成完毕的情况下，通过调整外部文件的方式来调整游戏数值。此外，游戏中的物体采用图片的方式表示，图片也是通过读取外部文件的方式得到的。游戏中增加了游戏背景画面和障碍物，运行画面如图 10-2 所示。

图 10-2 改进版坦克大战运行画面

接下来，介绍游戏中地图的设置。如表 10-3 所示，将游戏画面分成 10 行 20 列的小区域，每个区域用一张图片填充。通过填充这些小区域，可以组成各种类型的场景元素，比如空地、墙等。目前这个版本的地图比较简单，标注为 0 的区域代表空地，不填充图片，只显示背景画面；标注为 1 的区域是障碍物，游戏中使用草地图片来填充。由于草地图片具有各向同性的特点，所以它们拼接后看起来是一大片草地。

表 10-3 游戏地图设置

0	0	0	0	0	0	0	0	0	0	0	0	0	0	0	0	0	0	0	0
0	0	0	0	0	0	0	0	0	0	0	0	0	0	0	0	0	0	0	0
0	0	1	1	1	0	0	0	1	1	0	0	0	0	1	1	1	1	1	1
0	0	0	0	0	0	0	0	0	0	0	0	0	0	0	0	0	0	0	0
0	0	0	0	0	0	0	0	0	0	0	0	0	0	0	0	0	0	0	0
1	1	1	1	0	0	0	0	0	0	0	0	0	0	0	1	1	1	0	0
0	0	0	0	0	0	0	0	0	0	0	0	0	0	0	0	0	0	0	0
0	0	0	0	0	0	0	0	0	0	0	0	0	0	0	0	0	0	0	0
0	0	0	0	0	0	0	1	1	1	1	1	1	1	0	0	0	0	0	0
0	0	0	0	0	0	0	0	0	0	0	0	0	0	0	0	0	0	0	0

场景配置主要是游戏策划人员的工作，他们会依据游戏关卡的难易程度，设定不同的障碍物。如果将表 10-3 的数据直接在游戏代码中进行维护的话，就会出现分工不明确的问题。策划人员如要修改场景配置，还需要程序人员的配合。此外，场景的修改还需要重新生成游戏可执行程序，才能看到调整效果，这也会影响游戏的开发效率。而将场景地图配置作为外部文件的话，策划人员就可以直接对其修改，程序则通过读取文件完成对场景地图的配置。

我们首先使用一个 ASCII 格式的可读 txt 文件作为地图配置文件，按行将表 10-3 中的数据保存到这个文件中。然后使用名为 InitMap 的函数读取这个文件，把地图中标示为障碍物的位置记录下来。InitMap 函数的实现如下：

```
// 读取地图配置文件,标记为1 的地方有障碍物
void InitMap()
{
    FILE *f = fopen("Resources\\Map.txt", "r");    // 打开地图配置文件
    if (f == NULL)
        return;
    char line[MAX_GRASS];
    int nLine = 0;
    while(!feof(f))
    {
        fgets(line, MAX_GRASS, f);        // 读取文件中的每一行(以字符串形式)
        for (int i = 0; line[i] != '\0'; i++)
        {
            if (line[i] == '1')           // 字符1 表示此处有障碍物
            {
                if (nGrass > MAX_GRASS)
                    break;
                grasses[nGrass].s = sz;
                grasses[nGrass].b = 0;
                grasses[nGrass].e = 0;
                grasses[nGrass].dir = NONE;
```

```
                grasses[nGrass].v = 0;
                grasses[nGrass].a[0] = grasses[nGrass].a[1] =
grasses[nGrass].a[2] = grasses[nGrass].a[3] = grass;
                grasses[nGrass].x = sz/2+sz*i;
                grasses[nGrass].y = sz/2+sz*nLine;
                grasses[nGrass].p = 0;
                nGrass++;
            }
        }
        nLine++;
    }
    fclose(f);      // 读取完毕，关闭文件
}
```

障碍物信息载入完毕后，在游戏更新循环中，需要检测游戏中的运动物体是否碰到障碍物，如果碰到如何处理。本游戏中，如果敌人坦克碰到障碍物，将随机变换一个运动方向；而玩家坦克碰到障碍物则停止运动。目前的版本中，炮弹不和障碍物进行碰撞检测。下面的程序片段在 Update 函数中实现了游戏中坦克和障碍物的碰撞检测和碰撞反应。

```
    // 判断各种实体是否和游戏边界发生碰撞
    for (int i = 0; i < nEnemy; i++)
    {
        ent = enemys+i;
        if (!WallCollide(ent))      // 敌人坦克有一定概率改变方向
        {
            int cg = 0;
            for (int j = 0; j < nGrass; j++)// 敌人坦克和障碍物的碰撞检测
            {
                if (IsCollide(ent, grasses+j))
                {
                    cg = 1;
                    Move(ent, -ts);
```

```
                break;
            }
        }
        if (rand()%enemyDirPer == 0 || cg) // 碰撞反应
            ent->dir = Dir((ent->dir+1+rand()%3)%4);
    }
}
// 判断玩家坦克是否和障碍物发生碰撞,如果是,则停止
for (int i = 0; i < nGrass; i++)
{
    ent = grasses+i;
    if (IsCollide(ent, &player))
    {
        switch(player.dir)
        {
        case UP:
            player.y = ent->y+ent->s;
            break;
        case DOWN:
            player.y = ent->y-ent->s;
            break;
        case LEFT:
            player.x = ent->x+ent->s;
            break;
        case RIGHT:
            player.x = ent->x-ent->s;
            break;
        }
        player.p = 1;
        break;
```

```
        }
    }
```

本游戏使用了大量图片，包括坦克（四个朝向）、障碍物和背景。我们使用 VC 提供的库函数来完成图片的读取工作：`LoadImage` 和 `LoadBitmap`。前者可以将指定的一张位图载入程序中；后者可以对已经导入工程中的位图进行载入（导入步骤见图 10-3）。`LoadImage` 函数中载入的图片需要同游戏程序一起发布；而 `LoadBitmap` 载入的图片已经在工程中了，它会被打包进游戏程序中，所以不需要额外的外部文件。

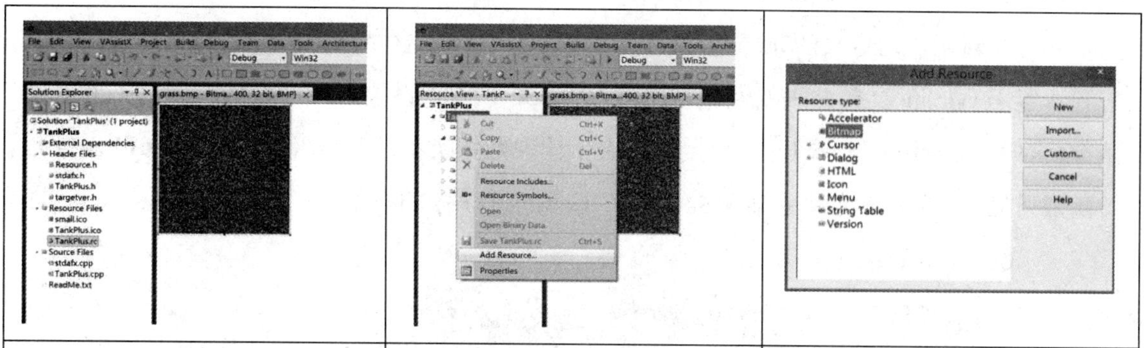

1. 点击资源文件	2. 右键添加资源	3. 从外部文件导入位图资源

图 10-3　在工程中添加外部图片资源的步骤

下面的代码片段展示了如何使用这两个函数分别载入背景图片和障碍物图片。

```
    // 背景图片
    background = (HBITMAP)LoadImage( NULL, L"Resources\\Back.bmp",
IMAGE_BITMAP, 0, 0,
        LR_CREATEDIBSECTION | LR_DEFAULTSIZE | LR_LOADFROMFILE );
    //从资源文件中载入图片(需要在资源窗口中导入位图)
    grass=LoadBitmap (hInst,MAKEINTRESOURCE(IDB_GRASS));
```

由于该游戏中还存在大量和游戏内容有关的参数设定，比如坦克速度、炮弹速度、玩家生命数和游戏刷新频率等，因此需要一种更加高效的方式从外部文件中读取这些数值。Windows 操作系统中用于进行程序配置的文件类型 ini 可以处理这种情况。ini 文件实质上是文本文件，其数据格式一般为：

```
[Section1 Name]
KeyName1=value1
```

```
KeyName2=value2
……
[Section2 Name]
KeyName1=value1
KeyName2=value2
```

ini 文件可以分为几个 Section，每个 Section 的名称用[ ]括起来，在一个 Section 中，可以有很多 Key，每个 Key 可以有一个值并占用一行，格式是 Key=value。

Win32 系统提供了对 ini 文件进行操作的 API 函数，该函数一部分是对 Win.ini 操作的，另一部分是对用户自定义的 ini 文件操作的。Win.ini 文件包含 Windows 系统运行环境的当前配置。鉴于 Win.ini 文件的重要性和常用性，Win32 系统中设置了专门对 Win.ini 进行操作的函数，它们以 GetProfile 开始，紧接着是表示读取数据类型的后缀，比如：GetProfileInt。该函数可以从 Win.ini 文件的某个 Section 中取得一个 key 的整数值，它的原型是：

```
GetProfileInt(
    LPCTSTR lpAppName,  //Section 名称字符串
    LPCTSTR lpKeyName,  //Key 名称字符串
    INT nDefault        // 如果这个 Key 没有找到，缺省值
    );
```

上面函数调用后，如果指定的 Key 值没有找到，则返回 nDefault 指定的缺省值；如果 Key 中的值不是一个整数，则返回 0；如果 Key 指定的是数字和字符串的混合，则返回数字部分的值。

其他类似函数还有 GetProfileString 和 GetProfileSection，后者可以读入整个 Section 的值。

与读取配置参数类似，Win32 系统也提供向 Win.ini 写数据的函数，比如下面的函数可以将一个 Key 值写入 Win.ini 文件的指定 Section 中。

```
WriteProfileString(
    LPCTSTR lpAppName,  //Section 名称字符串
    LPCTSTR lpKeyName,  //Key 名称字符串
    LPCTSTR lpString    // 要写的字符串
    );
```

在调用上面的函数时，如果 Win.ini 没有指定的 Section，则会新建这个 Section。如果

没有指定的 Key，则新建一个 Key 并将其赋值为最后一个参数；如果 Key 已经存在，则用最后一个参数代替原来的值。

上面介绍的是对 Windows 操作系统中 Win.ini 配置文件的操作，实际上我们更常用的是自己创建的针对游戏内容的配置文件。相对于 Win.ini 这种全局的公开配置文件，自己创建的配置文件只服务于我们自身的程序，它们是私有的。如果需要对自己创建的 ini 文件进行操作，需要使用另外一组 Win32 系统提供的函数，它们和上面介绍的针对 Win.ini 操作的函数类似，只不过需要在函数名中加上“Private”，表示对私有配置文件进行操作（比如 GetPrivateProfileSection、WritePrivateProfileString 和 GetPrivateProfileInt 等）。此外，函数参数中也需要添加一个表示 ini 文件名的字符串参数。

我们创建一个名为“Init”的 ini 文件，保存配置内容如下：

```
[Global]
timeStep = 20

[Enemy]
size = 50
velf = 4
vels = 2
firePer = 300
dirPer = 200

[Player]
size = 50
vel = 2
nLife = 3

[Bullet]
size = 20
vel = 6
```

一共有 4 个 Section，分别保存全局、敌人坦克、玩家坦克和炮弹的配置信息。在程序启动阶段，通过调用 ReadIni 函数，将其读入游戏程序中，使用它们的值对游戏中的对应全局变量进行赋值。ReadIni 函数实现如下：

```
// 通过 ini 文件读取初始化信息
void ReadIni()
{
    timeStep=GetPrivateProfileInt(L"Global", L"timeStep",timeStep,
L"Resources\\Init.ini");
    sz = GetPrivateProfileInt(L"Enemy", L"size",sz,
L"Resources\\Init.ini");
    velf = GetPrivateProfileInt(L"Enemy", L"velf",velf,
L"Resources\\Init.ini");
    vels = GetPrivateProfileInt(L"Enemy", L"vels",vels,
L"Resources\\Init.ini");
    enemyFirePer = GetPrivateProfileInt(L"Enemy",
L"firePer",enemyFirePer, L"Resources\\Init.ini");
    enemyDirPer = GetPrivateProfileInt(L"Enemy", L"dirPer",enemyDirPer,
L"Resources\\Init.ini");
    nLife = GetPrivateProfileInt(L"Player", L"nLife",nLife,
L"Resources\\Init.ini");
    szb = GetPrivateProfileInt(L"Bullet", L"size",szb,
L"Resources\\Init.ini");
    velb = GetPrivateProfileInt(L"Bullet", L"vel",velb,
L"Resources\\Init.ini");
}
```

由于游戏中不需要窗口的菜单栏，所以在窗口注册函数 MyRegisterClass 中，将菜单注册名设置为空，取消窗口的菜单栏。

```
    // 取消菜单栏
    wcex.lpszMenuName = NULL;//MAKEINTRESOURCE(IDC_TANKPLUS);
```

我们不允许玩家随意修改窗口大小，以便保证游戏场景中元素的相对位置。因此，在程序初始化函数 InitInstance 中，在最终显示窗口之前，应添加对窗口参数的额外说明：

```
// 不允许改变窗口大小,以便准确设定场景中各个元素的相对位置
SetWindowLong(hWnd, GWL_STYLE,WS_OVERLAPPED|WS_CAPTION|WS_SYSMENU);
```

游戏中使用了图片来增加画面的真实感，我们仍然以黑板绘画来介绍图片的绘制过程。不是把图片直接贴到黑板上，而是新申请一个专门绘制图片的黑板，然后将图片绘制到这个专门的黑板上，最后将这个图片黑板拷贝到备用黑板的指定位置，这个过程允许对图片黑板进行缩放。下面的代码片段展示了游戏中绘制背景图片的方法：

```
    // 绘制背景位图
    HDC hdcMem = CreateCompatibleDC(hdc);
    HBITMAP hbmOld = (HBITMAP)SelectObject(hdcMem, background);
    BITMAP bm;
    GetObject(background, sizeof(bm), &bm);
    SetStretchBltMode(hdc,STRETCH_HALFTONE);
    BitBlt(hdc, 0, 0, wndWidth, wndHeight, hdcMem, 0, 0, SRCCOPY);
    SelectObject(hdcMem, hbmOld);
    DeleteDC(hdcMem);
```

而下面的函数则主要实现了绘制游戏物体的功能，和前面绘制背景图片不同的是，此处需要采用抠图的方法将图片的前景内容绘制到指定位置，去除图片的背景内容。这里使用一种简单的方法来抠图，即指定一种颜色为背景色，通过调用 TransparentBlt 函数，将去除掉背景色像素的图片拷贝到图片黑板上。该函数的定义在 Msimg32.lib 静态链接库中，因此需要将它链接到游戏工程中（可以在游戏工程的属性界面中添加，如图 10-4 所示）。

```
// 绘制指定参数的游戏实体
void DrawEntity(HDC hdc, const Entity *ent)
{
    HDC hdcMem = CreateCompatibleDC(hdc);
    HBITMAP bmp = ent->a[int(ent->dir)%4];
    // 选定绘制的位图
    HBITMAP hbmOld = (HBITMAP)SelectObject(hdcMem, bmp);
    BITMAP bm;
```

```
    GetObject(bmp, sizeof(bm), &bm);
        // 设定位图缩放模式为 STRETCH_HALFTONE,提高缩放质量
        SetStretchBltMode(hdc,STRETCH_HALFTONE);
        // 以背景透明的方式绘制位图,白色作为透明色，需要链接静态链接库 Msimg32.lib
        TransparentBlt(hdc,ent->x-ent->s/2, ent->y-ent->s/2, ent->s, ent->s,
hdcMem, 0, 0, bm.bmWidth, bm.bmHeight,RGB(255,255,255));
        SelectObject(hdcMem, hbmOld);
        DeleteDC(hdcMem);
    }
```

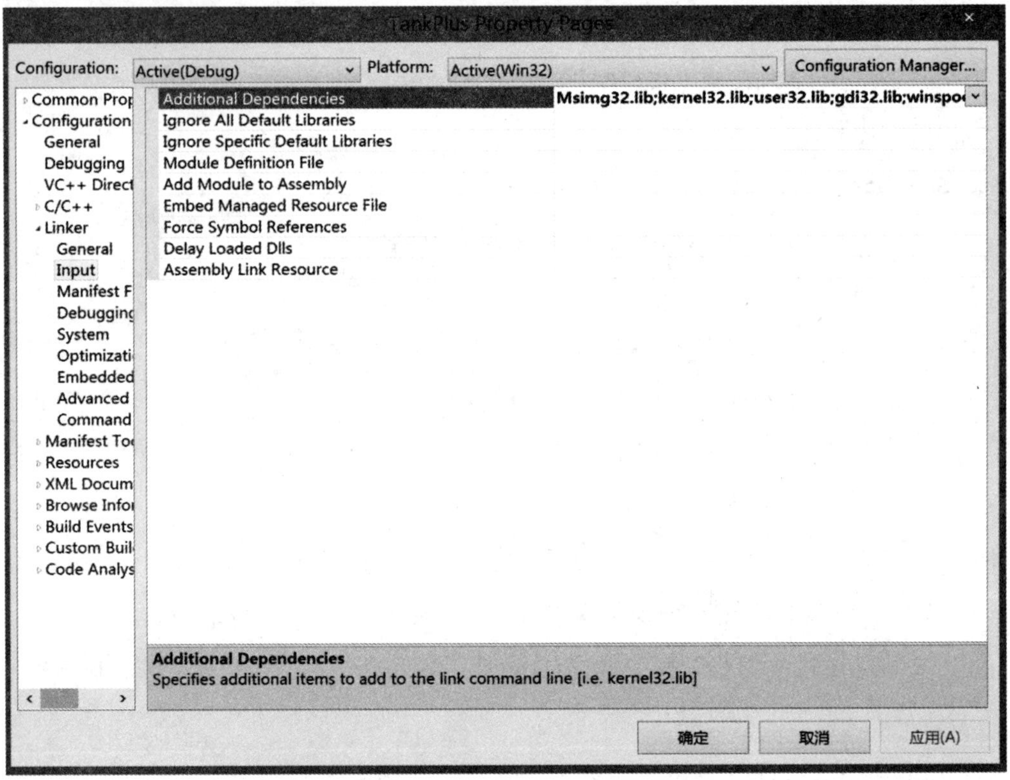

图 10-4　为游戏工程添加其他静态链接库

将游戏的初始化函数放在主函数中，游戏启动时部分参数的取值将从外部文件中获得。将游戏中使用的外部文件放到游戏运行目录的“Resources”文件夹中，可以用相对目录索引的方式来获得外部文件。比如读取 ini 文件时，使用“Resources\\Init.ini”，里面使用两个“\”是考虑到转义字符。游戏的其他代码和运行逻辑与上一章的坦克游戏类似，在此不再赘述。

10.6　小结

本章主要介绍了程序中经常使用的读写外部文件的方法，将数据放置于外部文件中，可以长久地保存这些数据。特别是在游戏开发过程中，很多内容都保存在外部文件中，比如图片、模型和音乐等。我们对上一章的坦克游戏进行改进，通过增加外部文件的方式，提高了游戏画面质量，并进一步提高了游戏程序的可维护性，有利于游戏开发人员之间的高效配合。希望读者能够认真体会游戏内容和游戏程序实现之间相互分离的策略，可以考虑将更多具体游戏内容放到外部文件中，逐步达到程序底层实现和具体游戏内容分离的目标。

上机练习题

希望读者继续在以下几个方面改进这个坦克游戏：

1.增加其他障碍物类型，比如炮弹无法穿越的障碍；

2.增加敌人坦克和玩家坦克类型；

3.增加炮弹类型；

4.将更多游戏内容相关参数放置于外部文件中。

第 11 章 指针的高级应用

要点提示

在前面的章节中，我们介绍了指针的概念，详细讨论了指针和数组之间的关系，但仍然有一些问题有待解决。比如在定义一个数组的时候，需要指定数组长度，以便编译器为它分配确定大小的内存。然而，很多时候数组所需的长度难以事先获知。在这种情况下，就需要用到内存的动态分配机制。本章的要点是学习在程序运行阶段动态分配内存，以及利用链表来有效组织程序中的数据集合，这些都需要利用指针来完成。

11.1 动态分配内存空间

在程序中会使用大量的变量，对于非静态的局部变量，当函数调用完成之后，会被自动释放。它们分配在内存中的动态存储区，这个存储区称为“栈”。程序中定义的数组也会被存储到这个区域中，数组的长度需要提前确定一个常量，以便系统分配合适的空间。与栈区域相对应，内存中还有一个称为“堆”的自由存储区，在堆中允许动态分配内存空间，这些内存空间需要时随时开辟，不需要时随时释放。可以将数组在堆区域中进行动态创建，这样就可以获取具有任意长度的数组，而无须提前确定数组长度。

内存的动态分配是通过系统提供的库函数实现的，主要有 malloc、calloc、free 和 realloc。这 4 个函数的声明在 stdlib.h 头文件中。

malloc 函数的作用是在内存的动态存储区中分配一个长度为 size 的连续空间，其函数原型为：

```
void *malloc(unsigned int size);
```

函数返回值是所分配区域的指针。需要注意的是返回的指针类型为 void，即不指向任何特定类型的数据，只提供一个地址。可以通过类型强制转换的方式将这段分配的内存看作某种特定类型。如果此函数未能成功执行，则返回空指针(NULL)。

calloc 函数的作用是在内存的动态存储区中分配 n 个长度为 size 的连续空间，其函数原型为:

```
void *calloc(unsigned n, unsigned size);
```

和 malloc 函数类似，该函数返回值为所分配区域的起始位置的指针；如果分配不成功，返回 NULL。calloc 函数特别适合为一维数组开辟动态存储空间，n 为数组元素个数，每个元素长度为 size。

free 函数的作用是释放指针变量 p 所指向的动态空间，使这部分空间能重新被其他变量使用。p 是最近一次调用 malloc 或 calloc 函数时得到的函数返回值。对于动态分配的内存，一定要使用 free 函数进行释放，否则不符合程序编写“有始有终”的原则，会为程序留下隐患，导致内存泄漏等 bug 出现。其函数原型为:

```
void free(void *p);
```

realloc 函数的作用是改变通过 malloc 或 calloc 函数获得的动态空间的大小，如果重新分配不成功，则返回 NULL。其函数原型为:

```
void *realloc(void *p, unsigned int size);
```

接下来，通过一个例子说明动态分配内存的使用：编写一段程序，随机生成用户指定长度的学生信息，并输出平均分和最高分等统计结果。

```
typedef struct
{
    int ID;
    int score;
}Student;
printf("Please enter the number of students.\n");
int n = 0;
scanf("%d", &n);
Student *pStudents = (Student*)calloc(n, sizeof(Student));
for (int i = 0; i < n; i++)
{
```

```
        pStudents[i].ID = 1000+i;
        pStudents[i].score = 30 + rand()%71;
    }
    float average = 0;
    int maxscore = 0;
    Student *pMaxScoreStu = NULL;
    printf("The generated information of the students:\n");
    for (int i = 0; i < n; i++)
    {
        average += pStudents[i].score;
        if (pStudents[i].score > maxscore)
        {
            maxscore = pStudents[i].score;
            pMaxScoreStu = pStudents+i;
        }
        printf("ID:%d,score:%d\t", pStudents[i].ID,
pStudents[i].score);
    }
    average /= n;
    printf("\nThe average score is: %.2f, max score is: %d, the ID
is: %d\n", average, pMaxScoreStu->score, pMaxScoreStu->ID);
    free(pStudents);
```

从这段代码可以看出，使用动态内存分配的方式，可以在程序运行阶段动态决定数组长度。

11.2 指向指针的指针

如果一个指针变量存放的是另一个指针变量的地址,则称其为指向指针的指针变量。

```
    float f = 5.0f;
    float *p = &f;
    float **pp = &p;
```

```
    printf("&f=%x\np=%x\n&p=%x\npp=%x\n\nf=%f\n*p=%f\n**pp=%f"
, &f, p, &p,pp,f,*p,**pp);
```

在上面的代码片段中，f 为 float 类型变量，使用指针 p 保存其地址，再使用指向指针的指针类型 pp 保存指针变量 p 的地址。相关数值的输出结果如下：

```
&f=81fcb0
p=81fcb0
&p=81fca4
pp=81fca4

f=5.000000
*p=5.000000
**pp=5.000000
```

从输出结果可以看出，p 的值是变量 f 的地址，而 pp 的值是指针变量 p 的地址。也就是说，指针 p 指向变量 f，而指针 pp 指向变量 p。变量 f 的值为 5，使用指针 p 指向的值也为 5。调用两次指向操作，pp 指向 p，p 又指向 f，最终也能得到结果 5。证明经过两次指向，pp 最终指向变量 f。

指向指针的指针常用在二维数组中，比如下面的代码通过两次指向，遍历字符串数组中的每个字符串及字符。

```
    char *name[]={
        "Game",
        "design",
        "is",
        "a",
        "wonderful",
        "job!"
    };
    char **p=name;
    for (int i = 0; i < 6; i++)
        printf("%s ", *(p+i));
    printf("\n");
```

```
    for (int i = 0; i < 4; i++)
        printf("%c\t", *((*p)+i));
    printf("\n");
    for (int i = 0; i < 6; i++)
        printf("%c\t", **(p+i));
```

以上代码片段的输出结果为：

Game design is a wonderful job!

G　　a　　m　　e

G　　d　　i　　a　　w　　j

11.3 链表

前面提到的数组，包括使用动态内存分配方式得到的可变长数组，可以对一系列具有相同类型的数据进行组织管理。由于数组元素的引用可以采用下标方式，因此随机访问会比较便捷。然而，在数组中对元素进行增删操作却并不十分高效，增加一个元素可能需要重新分配具有更多元素的数组，删除一个元素也需要后续的数组元素向前移动。在这种情况下，使用链表来组织数据更合适。

链表是一种常见的重要数据结构，它可以动态地进行存储分配，可以在程序执行过程中从无到有地建立起来。链表类似于链条，链表中相邻结点彼此挂接在一起，只需要获取第一个结点，利用这种挂接关系，就可以依次获取后续的所有结点。更重要的是，当需要删除某个结点时，只要将这个结点从链表中取出，并将这个结点前后相邻的结点重新挂接起来，即可保持链表的完整性。而当需要增加某个结点的时候，也只要找到该结点的插入位置，将插入位置相邻的两个结点断开，依次和待插入的结点挂接起来即可。

从数据组织管理到程序结构再到算法设计，链表的操作基本涵盖了 C 语言的所有重要概念，因此，我们要熟练掌握链表的操作。

最基本的链表是单向链表，每个结点除了保存自身的数据之外，还有一个指针项，指向下一个结点，最后一个结点的指针项为空，代表链表结束。程序中只需要保存第一个结点的指针，就可以通过它依次访问链表中的所有结点。有时也会专门设置一个头结点，保存一些关于整个链表的信息。链表里“正式”的第一个结点，即链表的开始结点，称为首元结点。

链表中结点结构体类型声明一般采用下面的形式：

```
struct Node
{
    数据变量;
    struct Node *next;
};
```

链表头结点结构体类型声明一般采用下面的形式：

```
struct LinkedList
{
    链表数据变量;
    struct Node *head;
};
```

接下来，通过一个例子说明链表的用法。使用链表实现一个大规模多人在线游戏的玩家管理系统，玩家包含以下属性：健康值、魔法值和用户名。要求实现新玩家进入、玩家退出、寻找指定用户名的玩家和按照健康值由小到大进行排序等功能。下列代码使用普通链表结点保存玩家信息，使用链表头结点保存整个链表以及玩家链表的头指针信息。

```
// 玩家链表结点结构体类型
typedef struct P{
    float hp;
    float mp;
    char name[16];
    struct P *next;
}Player;
// 玩家链表头结点结构体类型
typedef struct{
    int num;
    Player* next;
}PlayerLinklist;
// 向链表中添加一个结点，此处直接插到链表头部
```

```
void AddNewPlayer(PlayerLinklist *head, Player *newPlayer)
{
    newPlayer->next = head->next;
    head->next = newPlayer;
    head->num++;
}
// 从链表中删除一个结点，注意链表不能断开
void RemovePlayer(PlayerLinklist *head, Player *player)
{
    Player *p = head->next;
    if (p == player)    // 第一个结点是待删除结点
    {
        head->next = p->next;
        free(p);
        head->num--;
        return;
    }
    while (p->next != player && p->next != NULL)
        p = p->next;
    if (p->next == player)  // 删除结点，防止断链
    {
        Player *tmp = p->next->next;
        free(p->next);
        p->next = tmp;
        head->num--;
    }
}
// 在链表中查找指定属性的结点，找不到返回NULL
Player *FindeByName(PlayerLinklist *head, char* name)
{
```

```
    Player *p = head->next;
    while (p != NULL && strcmp(p->name, name) != 0)
        p = p->next;
    return p;
}
// 利用递归函数实现，依据玩家的 hp 对链表中的结点进行升序排序
// 返回值为排序之后的头结点指针
Player* SortByHP(Player *first)
{
    // 链表中没有结点或者只有一个结点，则直接返回
    if (first == NULL || first->next == NULL)
        return first;
    Player *minPre = first; // 保存链表中最小元素的前面一个元素指针
    Player *p = first->next;

    // 将 minPre 设置为最小元素的前面一个元素指针
    while(p->next != NULL)
    {
        if (p->next->hp < minPre->next->hp)
            minPre = p;
        p = p->next;
    }
    if (minPre->next->hp < first->hp)    // 比较最小结点和首元结点的大小
        // 将最小结点插到首元结点前面
    {
        p = minPre->next;
        minPre->next = p->next;
        p->next = first;
        first = p;
 }
```

```
    // 递归，将后续的结点中最小结点设为首元结点，并重新挂接到链表中
        first->next = SortByHP(first->next);
        return first;
    }
```

在 main 函数中，输入以下代码随机生成一系列玩家，测试上面的函数能否完成既定的功能。特别要注意链表和数组的不同之处：链表在插入和删除元素时不能断开，否则将丢失后面的结点，而数组没有这个问题。

```
        srand(time(NULL));      // 随机种子
        // 动态生成玩家链表头
        PlayerLinklist *head =
(PlayerLinklist*)malloc(sizeof(PlayerLinklist));
        head->next = NULL;
        head->num = 0;
        int nCand = rand()%20;  // 随机待查找和删除的玩家序号
        char *find = NULL;      // 待查找玩家姓名
        for (int i = 0; i < 20; i++) // 随机生成 20 个玩家，并添加到链表中
        {
            Player *p = (Player*)malloc(sizeof(Player));
            p->hp = (rand()%101)/100.0f;    // 随机血量
            p->mp = (rand()%101)/100.0f;    // 随机魔法值
            p->name[0] = 'A' + rand()%26;   // 随机的名字
            p->name[1] = 'A' + rand()%26;
            p->name[2] = 'A' + rand()%26;
            p->name[3] = '\0';
            AddNewPlayer(head, p);          // 将新生成的玩家加入列表
            if (nCand == i)
                find = p->name;
        }
        Print(head);                        // 打印生成的玩家链表
```

```
        Player *p = FindeByName(head, find);// 搜索这个玩家
        printf("The player found:name:%s,hp:%.2f,mp:%.2f\n", p->name, p->hp,
p->mp);

        RemovePlayer(head, p);                    // 删除这个玩家
        printf("Remove it from the list\n");
        Print(head);

        printf("Sort the list by hp\n");     // 排序
        head->next = SortByHP(head->next);
    Print(head);

        Destroy(head);                       // 善后，将所有临时创建的内存删除
```

为了便于输出链表中所有结点的信息，定义一个打印链表所有结点信息的函数 Print。由于本测试代码中所有结点都是采用动态内存分配方式创建的，所以为了防止内存泄漏，在程序退出前，需要将它们释放掉，可以封装一个 Destroy 函数来完成这些善后工作。这两个函数的原型如下：

```
    // 遍历所有结点，打印链表中的玩家信息
    void Print(PlayerLinklist *head)
    {
        Player* p = head->next;
        while (p != NULL)
        {
            printf("%s,%.2f,%.2f\t",p->name, p->hp, p->mp);
            p = p->next;
        }
        printf("\n");
    }
    // 释放所有临时占用内存
    void Destroy(PlayerLinklist *head)
```

```
{
    Player* p = head->next;
    Player* q = p->next;
    while (q != NULL)
    {
        q = p->next;
        free(p);
        p = q;
    }
    free(head);
}
```

11.4 终极版坦克大战

我们在前面改进版坦克大战的基础上，运用本章所学的指针的高级应用知识，使用链表和动态内存分配等手段，对游戏中的敌人坦克、炮弹采用带有头结点的单向链表进行管理，以便实现增删操作。我们对游戏中的不同功能函数进行分类，放置于不同源代码文件中，使用头文件开放函数声明。主文件不实现具体功能，只进行功能调用。这种对程序内容进行归类整理的策略，会使整个工程更加易于维护。此外，我们邀请美术人员重新绘制游戏中的美术资源，实现动画效果①。

整个程序分为三大模块，分别是和游戏实体相关的操作模块、和游戏运行相关的逻辑模块，以及游戏初始化模块。将其分别命名为：Entity、GameProc 和 Init，为其建立 cpp 文件和对应的 h 文件，每个模块包含的函数如表 11-1 所示。

---

① 中国传媒大学游戏设计专业本科生林炳君负责本游戏的美术创作。

表 11-1　终级版坦克游戏工程的模块划分

模块	包括的函数及说明

Entity	// 绘制链表中的每个实体
	void DrawEntities(HDC hdc, const Entity *head);
	// 绘制参数指定的游戏实体
	void DrawEntity(HDC hdc, const Entity *ent);
	// 对链表中的每个实体进行移动
	void MoveEntities(Entity *head, int ts);
	// 对特定实体进行移动
	void Move(Entity *ent, int ts);
	// 特定实体进行射击操作
	void Fire(const Entity* ent, Entity *pHeadB);
	// 将特定实体从链表中删除
	void Destroy(Entity *pHead, Entity* ent);
	// 删除头结点外的整个链表
	void Destroy(Entity *pHead);
	// 判断两个实体是否发生碰撞,以正方体之间发生碰撞来判断
	int IsCollide(const Entity *ent1, const Entity *ent2);
	// 判断特定实体是否和边界发生碰撞
	int WallCollide(Entity *ent, int w, int h);
	// 将链表中的实体当前帧设置为下一帧
	void NextFrameEntites(Entity *head, int ts);
	// 将特定实体设置为下一帧
	void NextFrame(Entity *ent, int ts);

GameProc	// 处理按键
	void EnterKey(int key);
	// 新建各个链表的头结点
	void NewEntity();
	// 改变窗口大小的通知函数
	void ChangeWndSize(int w, int h);

续表

模块	包括的函数及说明

GameProc	// 转换关卡
	void ChangeLevel(LEVEL newL);
	// 重置玩家信息
	void ResetPlayer(Entity *player);
	// 完成对游戏的绘制
	void Draw(HDC hdc, HWND hWnd);
	// 绘制整个游戏场景,在其中调用各自的绘制函数完成绘制
	void DrawScene(HDC hdc, LEVEL curL);
	// 完成游戏内容的绘制
	void DrawGameScene(HDC hdc);
	// 更新各种游戏信息,定时器会触发这个函数
	void Update(int ts);
	// 生成一辆敌人坦克
	void EnemyBirth();
	// 将动态分配的内容进行释放
	void Destroy();
	// 更新游戏场景中的动画元素
	void NextFrame(int ts);

Init	// 返回动画帧的更新时间间隔
	int GetAnimStep();
	// 返回当前的帧时间间隔
	int GetTimeStep();
	// 通过 ini 文件读取当前关卡的部分初始化信息
	void ReadIni(LEVEL l);
	// 读取地图配置文件,标记为 1 的地方有障碍物
	void InitMap(LEVEL l, Entity *headBlock);
	// 依据当前场景的不同对游戏内容进行初始化
	void Init(LEVEL l);

续表

模块	包括的函数及说明

Init	// 对指定的参数进行初始化
	void InitEntity(Entity *headEnemy, Entity *headBlock, Entity *headBullet, Entity *headEnemyBullet, Entity *player, LEVEL l);
	// 获取当前关卡的背景图片句柄
	HBITMAP GetBackPic();
	// 敌人坦克随机开火
	int RandomFire();
	// 敌人坦克随机改变方向
	int RandomDir();
	// 获取随机生成概率
	int GetBirthTime();
	// 依据敌人坦克类型生成一辆敌人坦克,并添加到敌人坦克链表中
	void EnemyBirth(Entity* headEnemy, int type, int w);
	// 获取通关分数
	int GetPassScore();
	// 返回 logo 图片句柄
	HBITMAP GetLogoPic();
	// 返回胜利图片
	HBITMAP GetSuccPic();
	// 返回失败图片
	HBITMAP GetFailPic();

在头文件中使用宏定义开关设计，防止重复包含同一个头文件。这种开关将头文件中的内容放置于#ifndef 某个特殊常量宏和#endif 之间。比如在 Init 头文件中，进行以下开关设定：

```
#ifndef _INIT_H_ // 防止头文件被重复包含
#define _INIT_H_
头文件具体内容
#endif
```

第一次包含这个头文件时，#define _INIT_H_会被执行，如果再次包含这个头文件，#ifndef _INIT_H_判断就会失败，不会继续执行这个头文件的内容。

在游戏的运行逻辑模块中，使用了以下几个链表对游戏中的实体进行管理（玩家只有一名，因此没有使用链表）：

```
Entity *pHeadBlocks = NULL;        // 障碍物链表
Entity *pHeadEnemys = NULL;        // 敌人坦克链表
Entity *pHeadBullets = NULL;       // 玩家炮弹链表
Entity *pHeadEnemyBullets = NULL;  // 敌人炮弹链表
Entity *pPlayer = NULL;            // 玩家
```

为了支持这种链表结构，修改游戏实体结构体的配置：

```
typedef struct  entity        // 游戏中的实体结构体
{
    int x, y;                 // 位置
    Dir dir;                  // 方向
    int v;                    // 速率
    int s;                    // 边长，正方形
    int p;                    // 是否停止,只有玩家才可以停止
    HBITMAP a[4];             // 位图,4 个方向
    int life;                 // 保存当前生命值，当生命值为 0 时，需要删除
    struct  entity *next;     // 用于组成链表，指向链表中的下一个实体
    unsigned short f;         // 当前帧
    unsigned short frames;    // 总帧数
    int animD;                // 控制当前动画帧的下一帧方向
}Entity;
```

其中，增加 3 个动画帧成员变量是为了支持部分实体的动画效果。美术人员逐帧创作了游戏中炮弹的动态效果（如图 11-1 所示），将这些帧排列成一行保存到同一张图片中。在绘制的时候，每个时刻只是将图片中当前帧所在的图像块绘制到屏幕上，一定时间后再切换到下一帧所在的图像块，当动画帧到达最后一帧时，则进行后退。这个动画播放控制类似于游标尺，从头到尾，再从尾到头，最终形成动画效果。下面是经过修改的游戏元素绘制语句，它不是绘制整张图片，只是截取当前帧所在的图像块进行绘制。

这种截取图像块的设置由该函数的第 7 和第 9 个参数完成，分别表示图像块在大图像中的横坐标和图像块的宽度。如果该物体没有动画效果，即只有一帧，则和以前的绘制函数调用并无区别。

```
    // 添加动画效果，绘制当前帧
    TransparentBlt(hdc,ent->x-ent->s/2, ent->y-ent->s/2, ent->s,
ent->s, hdcMem, ent->f*bm.bmWidth/(ent->frames), 0, bm.bmWidth/ent->frames,
bm.bmHeight,RGB(255,255,255));
```

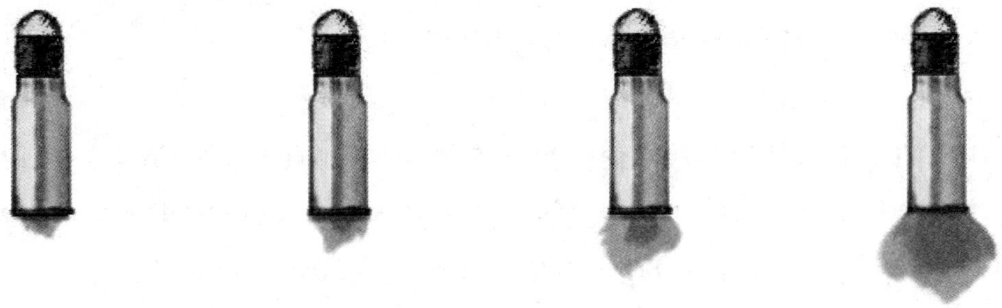

图 11-1　游戏中炮弹的动画帧图片

利用链表方式，当需要新的敌人坦克、炮弹等出现时，只要将其动态生成，然后挂接到对应的链表中即可。这种链表结构有利于后续的绘制操作。在绘制各种实体时，只需要遍历对应的链表，按照结点自身保存的参数将其正确绘制即可。由于游戏中的所有实体都已经被抽象成同种类型，所以在绘制阶段，我们甚至不需要关心所绘制的是哪种特定类型的实体，是障碍物、炮弹还是敌人？实体变量自身已经包含了绘制需要的所有信息。

```
// 绘制链表中的每个实体
void DrawEntities(HDC hdc, const Entity *head)
{
    Entity* ent = head->next;
    while(ent != NULL)
    {
        DrawEntity(hdc, ent);
        ent = ent->next;
    }
}
```

```
// 绘制参数指定的游戏实体
void DrawEntity(HDC hdc, const Entity *ent)
{
    HDC hdcMem = CreateCompatibleDC(hdc);
    HBITMAP bmp = ent->a[int(ent->dir)%4];
    HBITMAP hbmOld = (HBITMAP)SelectObject(hdcMem, bmp);
    BITMAP bm;
    GetObject(bmp, sizeof(bm), &bm);
    SetStretchBltMode(hdc,STRETCH_HALFTONE);
    // 添加动画效果，绘制当前帧
    TransparentBlt(hdc,ent->x-ent->s/2, ent->y-ent->s/2, ent->s,
ent->s, hdcMem, ent->f*bm.bmWidth/(ent->frames), 0, bm.bmWidth/ent->frames,
bm.bmHeight,RGB(255,255,255)); // 白色作为透明色，Library Msimg32.lib
    SelectObject(hdcMem, hbmOld);
    DeleteDC(hdcMem);
}
```

在绘制函数 DrawGameScene 中，调用以下函数就可以完成所有游戏实体的绘制工作：

```
    // 绘制游戏实体
    DrawEntities(hdc, pHeadEnemys);
    DrawEntities(hdc, pHeadBullets);
    DrawEntities(hdc, pHeadEnemyBullets);
    DrawEntities(hdc, pHeadBlocks);
    DrawEntity(hdc, pPlayer);
```

链表的使用也方便了游戏内容的更新操作。比如要对游戏的所有实体进行更新，就只需要使用同一个 MoveEntities 函数，这个函数接受任何实体链表的输入，它会遍历这些链表元素，将其进行相应的移动，具体移动又会调用 Move 函数。这两个函数的原型为：

```
// 对链表中的实体进行移动
void MoveEntities(Entity *head, int ts)
```

```
{
    if (head == NULL)
        return;
    Entity* ent = head->next;
    while(ent != NULL)
    {
        Move(ent, ts);
        ent = ent->next;
    }
}
// 对特定游戏实体进行移动
void Move(Entity *ent, int ts)
{
    if (ent->p)
        return;
    switch(ent->dir)
    {
    case UP:
        ent->y -= ent->v * ts;
        break;
    case DOWN:
        ent->y += ent->v * ts;
        break;
    case LEFT:
        ent->x -= ent->v * ts;
        break;
    case RIGHT:
        ent->x += ent->v * ts;
        break;
    }
```

```
}
```

只需要在更新函数 Update 中，将所有需要移动的游戏实体链表传递给 MoveEntities 函数即可：

```
    // 调用Entity 中的函数,完成各种可移动物体的位置更新
    MoveEntities(pHeadEnemys, ts);
    MoveEntities(pHeadBullets, ts);
    MoveEntities(pHeadEnemyBullets, ts);
    Move(pPlayer, ts);
```

使用链表对于管理游戏中出现的炮弹实体特别有效。因为炮弹可能随时产生或销毁，并且数量无法确定。在产生阶段，只需要为其动态分配空间，然后挂接到炮弹链表中即可。如果炮弹撞到障碍物或敌人坦克，也可以方便地将其从链表中删除。使用 Fire 函数可以让某个坦克发射炮弹，包括玩家坦克和敌人坦克。当炮弹需要销毁时，只需调用 Destroy 函数将其从链表中删除。这两个函数原型如下：

```
// 特定实体进行射击操作
void Fire(const Entity* ent, Entity *pHeadB)
{
    Entity *newBullet = (Entity*)malloc(sizeof(Entity));
    memcpy(newBullet, pHeadB, sizeof(Entity));
    newBullet->dir = ent->dir;
    newBullet->x = ent->x;
    newBullet->y = ent->y;
    switch(ent->dir)
    {
    case UP:
        newBullet->y -= ent->s;
        break;
    case DOWN:
        newBullet->y += ent->s;
        break;
    case LEFT:
```

```
            newBullet->x -= ent->s;
            break;
        case RIGHT:
            newBullet->x += ent->s;
            break;
        }
        newBullet->next = pHeadB->next;
        pHeadB->next = newBullet;
}
// 将特定的实体ent 从链表pHead 中删除
void Destroy(Entity *pHead, Entity* ent)
{
    Entity *p = pHead;
    Entity *pn = pHead->next;
    while(pn != NULL)
    {
        if (pn == ent)
        {
            p->next = pn->next;
            free(pn);
            return;
        }
        p = pn;
        pn = pn->next;
    }
}
// 删除头结点以外的整个链表
void Destroy(Entity *pHead)
{
    if (pHead == NULL)  return;
```

```
    Entity *p = pHead;
    Entity *pn = pHead->next;
    while(pn != NULL)
    {
        p->next = pn->next;
        free(pn);
        pn = p->next;
    }
    pHead->next = NULL;
}
```

使用 enum 类型的变量保存游戏关卡，可以在游戏运行逻辑控制阶段判断当前所处的关卡，然后进行相应的处理（比如初始化相应参数、绘制相应关卡内容等）。

```
// 游戏关卡
enum LEVEL {OPEN, LEVEL1, LEVEL2_OPEN, LEVEL2, SUCCEED, FAIL};
```

由于该程序工程梳理了游戏程序模块，在主程序文件中只是一系列函数（而且是比较抽象的高层次函数）的调用，因此这个文件比以前的游戏文件更加简洁。

该工程代码中的其他内容和前面介绍的改进版坦克大战游戏并无太多区别，在此不再赘述。读者可以通过阅读该工程的源代码体会改进的内容对于游戏程序维护的影响，该游戏的运行画面如图 11-2 所示。

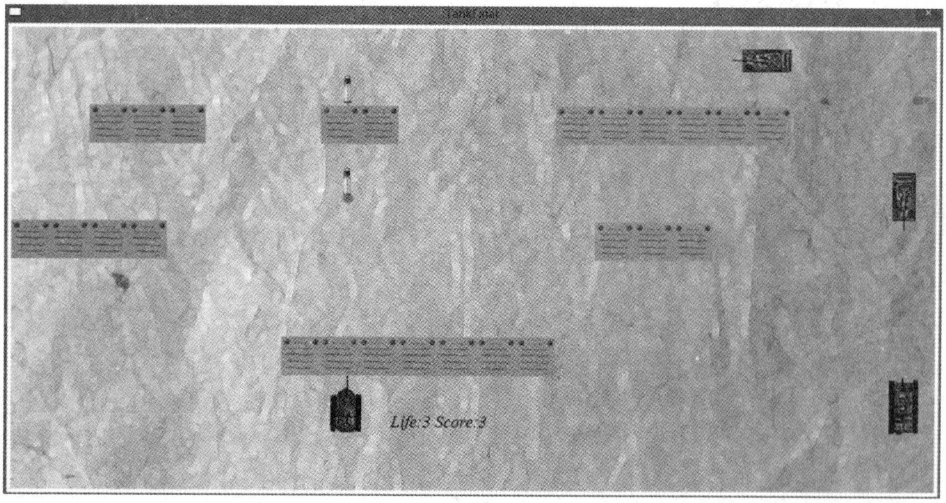

图 11-2　终极版坦克大战游戏运行画面 a

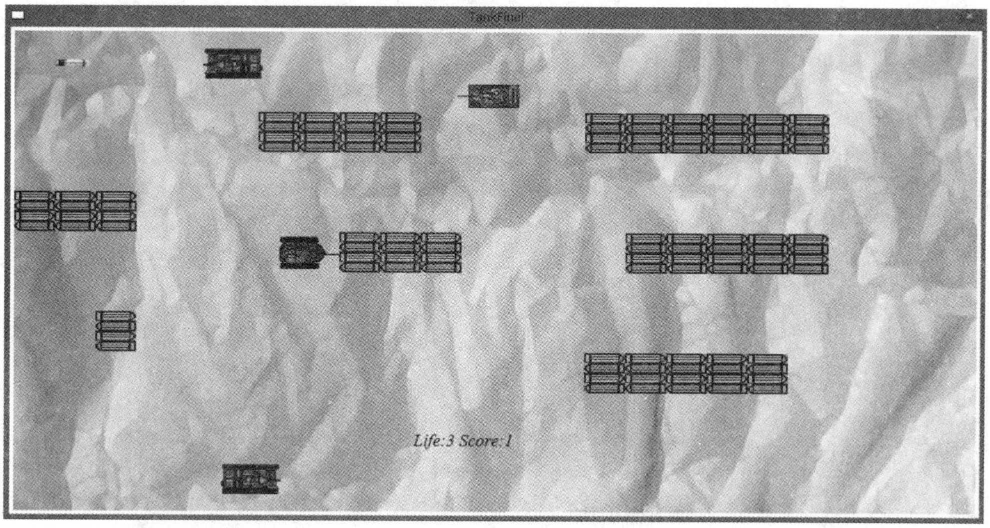

图 11-2　终极版坦克大战游戏运行画面 b

11.5　小结

指针是 C 语言的精华所在，本章在前面章节的基础上，进一步讨论了指针的高级应用，包括动态内存创建、多重指针和链表。通过本章内容的学习，特别是链表的学习，可以进一步提高 C 语言的编程能力。本章内容在终极版坦克大战游戏代码中都有所体现，希望读者可以在这个程序基础上不断改进，逐步掌握程序工程架构的科学规划方法。

上机练习题

1.在本章终极版坦克大战基础上，尝试实现真正的红白机版坦克大战；

2.资源优化：游戏中实体图片只使用一个朝向的图片，其他朝向在绘制阶段利用代码实现，背景使用小图片拼接实现；

3.增加地图编辑功能，允许玩家自定义地图；

4.在编辑器中增加其他功能，比如允许玩家自定义敌人坦克属性等，最终完成类似于游戏引擎的游戏编辑器功能。

第 12 章 程序调试技巧

要点提示

到目前为止，我们已经将 C 语言的大部分内容，以及使用 C 语言在 Win32 框架下进行二维游戏开发的方法基本介绍完毕。读者可以使用 C 语言自由地进行程序设计，达到大部分预期目标。然而，按照算法流程图，依据一定的编程规范将程序编写完毕，并不意味着任务的完成。后续还需要将程序使用编译器生成为目标文件，而且还需要经过一系列测试，保证程序运行的可靠性。本章的要点是理解程序编译、链接的过程，掌握规范化编程方法和一些常用的程序调试及代码控制方法。

12.1 编译和链接

C 语言属于高级语言，用 C 语言编写的程序并不能直接放到计算机上运行。如果要在特定平台的计算机上运行编写的程序，还需要经过一系列处理，将其最终转换为对应设备上的可执行程序。对 C 语言编写的程序的这种处理过程称为编译和链接。

编译指的是把文本形式的源代码翻译为机器语言形式的目标文件的过程；链接是把目标文件、操作系统的启动代码和用到的库文件进行组织，最终形成可执行程序的过程。编译和链接的过程如图 12-1 所示，可执行程序的生成需要经过编译和链接两个阶段。

从图 12-1 也可以看出，在编译阶段首先会读取源代码，并对它进行词法和语法分析，将高级语言指令转换为功能等效的汇编代码。在这一阶段，如果源代码有错误，编译器会明确指出，据此可以很容易地定位错误。某些编译器还会给出该错误的详细信息，甚至提出修改意见。因此，这一阶段发现的问题相对容易解决。如下面的代码片段：

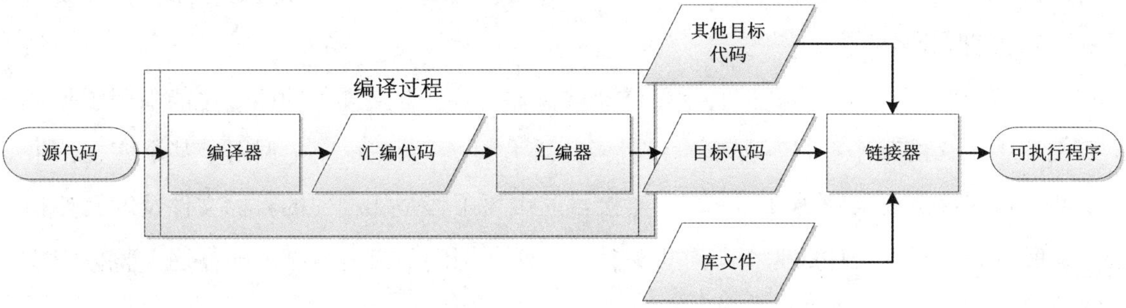

图 12-1　C 语言生成可执行程序的过程

```
int i = 1.5;
float f = 3.6
char c = 'a';
```

由于上面源代码的第二行语句末尾丢掉了分号，VC 集成开发环境在编译阶段会发现这一问题，并给出以下详细错误信息，极大地方便了错误修正。

error C2144: syntax error : ‘char’ should be preceded by ‘;’

此外，在第一行代码中，将小数 1.5 赋值给整型变量 i 会导致强制类型转换，丢掉小数部分。VC 编译器也会发现这一问题，并给出如下的警告：

warning C4244: ‘initializing’ : conversion from ‘double’ to ‘int’, possible loss of data

“警告”意味着这个问题并不是错误，不会影响程序执行，只不过可能引起程序 bug，VC 提醒开发者要注意。

编译器对源文件的编译过程主要包含预处理和编译两个阶段：

（1）预处理阶段是编译器在正式编译前执行文件中的预处理指令，以此修改源文件的内容。比如前面介绍的头文件包含指令“#include”，就是预处理指令，它会把包含的文件内容添加到源代码文件中。预处理指令还包括宏定义指令和条件编译指令等。

（2）编译阶段所要做的工作就是通过词法分析和语法分析，在确认所有指令都符合语法规则之后，将其翻译成等价的中间代码或汇编代码。编译阶段还要进行优化工作，优化通常有两种：一种是对中间代码进行优化，这种优化不依赖于具体的计算机；另一种优化则主要针对目标代码的生成，这种优化与目标硬件环境有关。

经过编译器处理获得的汇编代码已经接近机器语言了，而接下来的汇编实际上是把汇编语言代码最终翻译成目标机器指令。对于被编译系统处理的每一个 C 语言源程序，都将经过这一处理而最终得到相应的目标文件。目标文件中存放的就是与源程序等效的目标机器语言代码。

由汇编程序生成的目标文件并不能立即被执行，某个源文件中的函数可能引用了另一个源文件中定义的某个符号（如变量或者函数等），也可能在程序中调用了某个库文件中的函数，这些都需要链接器进行处理。链接器的主要工作是将相关的目标文件及库文件相连，使所有相关目标文件成为一个有机整体，里面使用的所有符号都能够在这个整体中找到，这一过程称为链接处理。

链接处理可分为静态链接和动态链接两种：静态链接中，程序中所使用的函数代码将从静态链接库拷贝到最终的可执行程序中；动态链接中，程序中所使用的函数代码被放到动态链接库或共享对象的某个目标文件中，链接器只是在最终的可执行程序中记录下共享对象的名字以及其他少量的登记信息，只有在程序被真正执行时，动态链接库的全部内容才被映射到运行时相应进程的地址空间中。

静态链接的执行效率高，移植性能较好；而使用动态链接能够使最终的可执行文件比较短小，有利于程序的升级维护。

编好的程序在程序链接阶段可能遇到的问题是，代码中使用的函数等符号所在的文件没有被正确链接到程序工程中，这时候会出现链接错误，无法生成最终的可执行程序。比如在下面的代码片段中，使用了一个名为 Func 的函数，但这个函数并没有被定义。

```
void Func(int);
Func(3);
```

在这种情况下，VC 会给出下面的错误信息，告知程序编写人员发生了链接错误。

error LNK2019: unresolved external symbol “void __cdecl Func(int)”(?Func@@YAXH@Z) referenced in function _wmain

再如上一章中介绍的带透明度的位图绘制函数 TransparentBlt，其函数实现放在静态链接库 Msimg32.lib 中，如果没有将它链接到程序工程中，也会导致链接错误。

12.2 编程规范

避免程序出现问题的必要条件是具有扎实的基本功，并按照规范进行程序编写。扎实的基本功需要在熟练掌握 C 语言各项特性的前提下，不断进行编程练习来获得。在练习过程中，设定具体的编程目标（比如编写一个小游戏），有助于提高学习效率。而规范编程则需要依据科学的规划，将自己的程序编写得更加规范，从而保证程序的质量，使其便于维护，并有利于调试。

从宏观角度来看，编程规范包括程序工程的架构设计和功能划分；从微观角度来说，函数的命名和注释的添加等都需要有据可依。在编程初学阶段，最好就按照规范的程序编写要求来写代码，比如 Google 公司发布的针对 C++语言的编程规范[①]，对于我们学习使用 C 语言具有指导意义，这个编程规范包含了头文件、命名规则和内存管理等多方面程序编写要求。再如赫伯·萨特等人所著的《C++编程规范》，也是编程规范的经典。

然而，即使我们坚持规范编写程序，完成了代码的编写，并且在编译链接阶段没有发生错误，生成了可执行程序，但仍然不意味着程序就能够正确执行了。因为程序执行的结果有可能和我们的预期并不相符，也就是出现了人们常说的 bug。编译链接阶段出现的问题是比较明显的，甚至编译器会给出明确错误提示，但程序运行阶段出现的问题则很难定位和修改。接下来，我们介绍一些常用技巧，帮助我们改正这种类型的程序错误。

12.3　断点

断点是调试器设置的一个代码位置，当程序运行到断点时，程序中断执行，回到调试器界面。在 VC 中可以通过点击代码窗口左侧的竖条为这个位置设定断点，也可以将光标移动到需要设定断点的代码行，按 F9 快捷键设置断点。把光标移动到断点所在的行，再次按 F9，可以取消断点，也可以使用鼠标点掉窗口左侧的断点标记。断点可以在程序调试运行期间动态添加或删除。可以使用快捷键 ALT+F9 弹出断点窗口，管理程序中的所有断点。

程序执行到断点所在的语句后暂停执行，停在断点处，此时可以对程序中的部分变量值进行观察，以便推测问题发生的位置。VC 允许被中断的程序继续运行、单步运行或运行到指定光标处，分别对应快捷键 F5、F10/F11 和 CTRL+F10。其中 F5 表示程序继续运行，直到下一个断点；F10 表示程序单步运行，每次执行一个语句，如果涉及函数调用，不进入函数内部，F11 单步运行和 F10 类似，不同的是如果遇到函数调用，会进入这个函数内部；CTRL+F10 会运行到当前光标处。

---

① https://google-styleguide.googlecode.com/svn/trunk/cppguide.html.

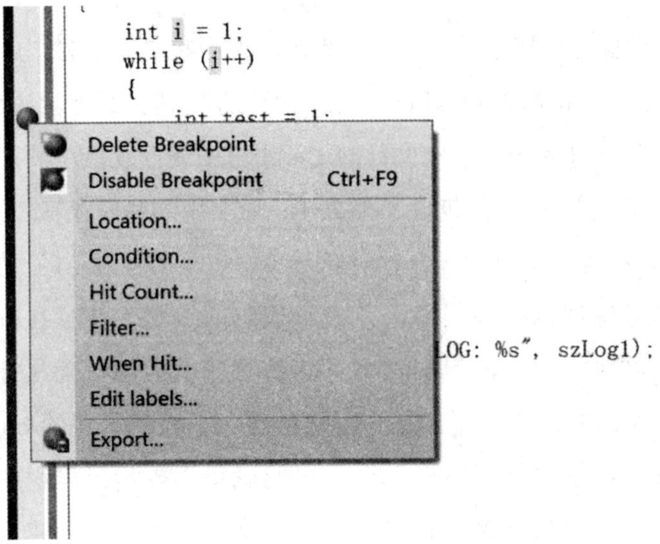

图 12-2 右键调出断点的属性窗口

在断点的标志上点击鼠标右键可以调出窗口，调整断点的属性，如图 12-2 所示。比如在程序中输入以下代码片段：

```
int i = 1;
while (i++)
{
    if (i == 23)
        break;
    ++i;
}
```

调试运行的时候，会发现该程序有问题，无法正确结束。考虑可能是 break 语句没有被执行，导致 while 死循环。因此，可以在 break 语句所在行添加断点。由于程序无法中断，因此死循环的原因很可能是 i 的值没有达到 23。为了验证这一猜想，可以在循环体中的 if 语句行添加另外一个断点，然后使用 F10 单步调试，查找每次 i 的变化情况。然而这样的测试需要循环查找，直到 i 接近 23 才能确定问题所在，效率很低。在这种情况下，可以使用条件断点。即在图 12-2 调出的窗口中，单击 Conditions 按钮，为断点设置一个表达式 i>20，当这个表达式为真时，程序就会中断。

12.4　Watch

当断点导致程序中断之后，在 VC 界面下，可以查看变量的值。比如上面的例子中，使用条件断点使 i 在大于 20 的情况下，程序中断运行。接下来，需要单步调试，查看变量 i 的值的变化情况。如图 12-3 所示，可以在变量 i 上单击鼠标右键调出菜单，点击“Add Watch”将其显示到 Watch 窗口中，程序继续运行的话，可以通过这个窗口观察变量或者表达式的值。当 Watch 窗口的变量值在调试运行期间发生改变时，字体颜色会变红，便于程序员识别变化。

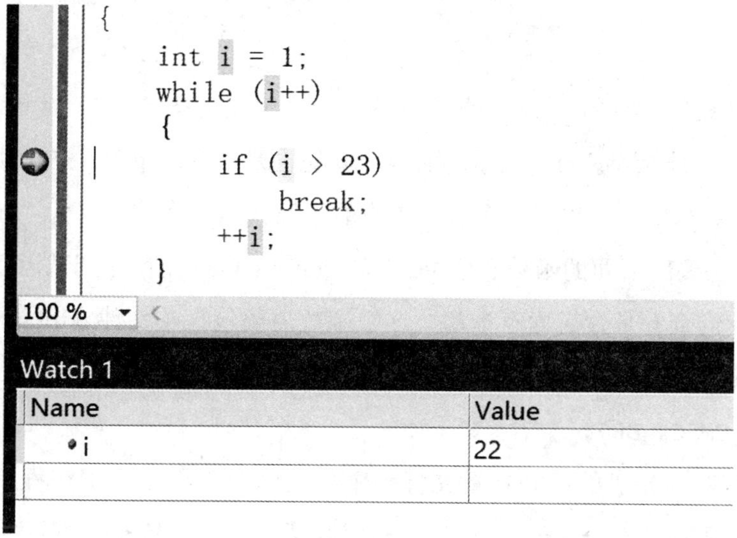

图 12-3　使用 Watch 窗口观察变量的值

12.5　注意指针操作

很多 bug 产生的原因都和内存分配有关，比如在前面章节提到的，对野指针进行存取操作会导致严重的 bug。所以，遇到对指针进行操作的语句时，可以通过添加一些判断语句来保证程序执行的操作是合法的。比如下面的函数中，添加了判断语句，保证只有当指针不为空时才能进行下一步操作，可以防止对空指针操作的 bug。

```
// 绘制链表中的每个实体
int DrawEntities(HDC hdc, const Entity *head)
{
    if (head == NULL)
```

```
        return 0;
    Entity* ent = head->next;
    while(ent != NULL)
    {
        DrawEntity(hdc, ent);
        ent = ent->next;
    }
    return 1;
}
```

在动态分配内存的场合，当这些分配的内存空间使用完毕之后，一定要记得使用 free 函数将其释放，否则会造成内存泄漏，而内存泄漏也是很多 bug 产生的来源。

比如在第 11 章中，给出了一个链表操作的示例代码，在这个名为“LinkedList”工程的 main 函数中，调用下面的函数会使 VC 中的 Output 窗口在程序调试运行后输出内存泄漏信息，帮助我们查看是否有内存泄漏。这个函数需要包含头文件 crtdbg.h。

```
    _CrtSetDbgFlag(_CrtSetDbgFlag(_CRTDBG_REPORT_FLAG) |
_CRTDBG_LEAK_CHECK_DF);
```

读者可以在随书光盘的第 11 章文件夹中找到这个工程，由于在程序退出前使用了 Destroy 函数，所有动态分配的内存已经被释放，所以可以保证程序不发生内存泄漏。读者可以尝试删除 Destroy 函数调用语句，会发现调试运行完毕时，Output 窗口中会显示内存泄漏。

可以使用函数返回值来报告函数是否被正确执行。比如上面的 DrawEntities 函数，当没有被正确执行时，返回 0。这样在调用该函数的地方，可以通过判断其返回值来决定是否要采取一些补救措施。

12.6 其他易犯错误

虽然可以利用集成开发环境提供的调试功能帮助我们定位和改正 bug，但最佳的 bug 避免策略还是提高代码编写质量。尽可能多地积累编程经验也能提高程序编写的可靠性。编程时不要怕出错，不要怕遇到 bug，当你把这些问题成功解决以后，这种经验积累会降低你下次编程出现这些问题的概率。

以下错误是初学者在编程时易犯的，希望读者注意。

（1）逻辑等于误写为赋值等于

```
if (done = 1)
    printf("OK!\n");
```

（2）对整数进行除法运算造成小数丢失

```
float average = 31/10;
```

（3）除零错误

```
int i = 0.5;
float f = 100/i;
```

（4）多添加分号

```
int i = 0;
while (i<3);
    printf("%d\t", i++);
```

（5）switch 语句中漏写 break 语句

```
// 将成绩等级转化为百分制
char c;
scanf("%c", &c);
switch (c)
{
case 'A':
    printf("The score is 90~100\n");
case 'B':
    printf("The score is 80~90\n");
case 'C':
    printf("The score is 70~80\n");
case 'D':
    printf("The score is 60~70\n");
case 'E':
    printf("The score is under 60\n");
default:
```

```
        printf("Wrong input\n");
    }
```

（6）数组访问越界

```
    unsigned short playerIDs[5] = {101,102,103,104,105};
    for (int i = 0; i <= 5; i++)
        printf("Player ID is: %d\t", playerIDs[i]);
```

读者可以试着将这些代码片段放到 main 函数中执行，会发现无法得到自己预期的结果。大家可以思考一下如何修正这些错误。

在编写程序时，要特别注意程序调试，避免出现类似错误。当编写的程序由很多函数、源文件，甚至很多子工程组成时，bug 定位会变得比较困难，程序调试难度会增加。应对这种问题的策略是做好单元测试。写好一个函数后，对它进行严格测试，尽量保证函数在任何条件下都能够正确执行。同理，为工程添加源代码和子工程时，也要为它们进行严格的测试，保证其正确性。

12.7 代码控制

算法设计、代码编写和程序调试伴随着软件开发的整个过程，从宏观的软件运行到微观的一个函数、一个文件，都需要经过严格的测试和交叉审阅，才能保证整个软件的可靠性。在开发过程中，需要不断编写、调试、修改代码，难免遇到软件版本更新的问题。新版本可能只修改了某个函数的实现，也有可能修改了整个软件框架。不同软件开发版本之间需要不断回溯或比较，当多个程序员协同工作时，还需要追踪不同开发者的修改记录。对这些软件版本进行管理的方式称为代码控制。

目前常用的代码控制软件是微软公司的“Visual SourceSafe”①（简称 VSS）。如图 12-4 所示，将需要管理的软件工程加入 VSS 数据库中，VSS 就可以接管这个工程的所有版本修订管理工作。

① https://msdn.microsoft.com/zh-cn/vstudio/aa718670.aspx.

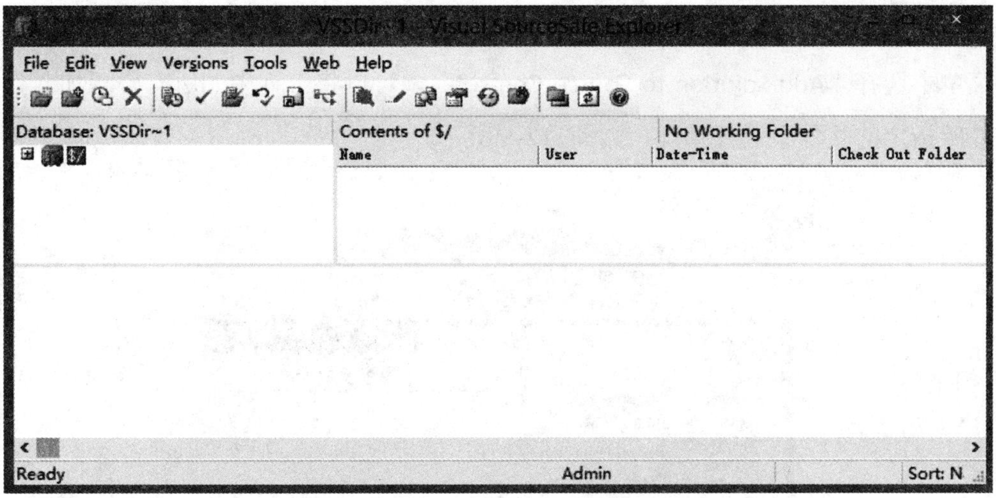

图 12-4　Visual SourceSafe 2005 软件管理界面

此外，还有一种更加简便地使用 VSS 的方法，就是和 VS 开发工具相结合。如图 12-5 所示，在 VS 菜单的“Tools”中选择“Options”，在其中找到“Source Control”标签，就可以为 VS 选择代码控制插件。如果计算机中安装了 VSS，就可以将其作为 VS 的插件，直接在 VS 界面下进行代码控制。

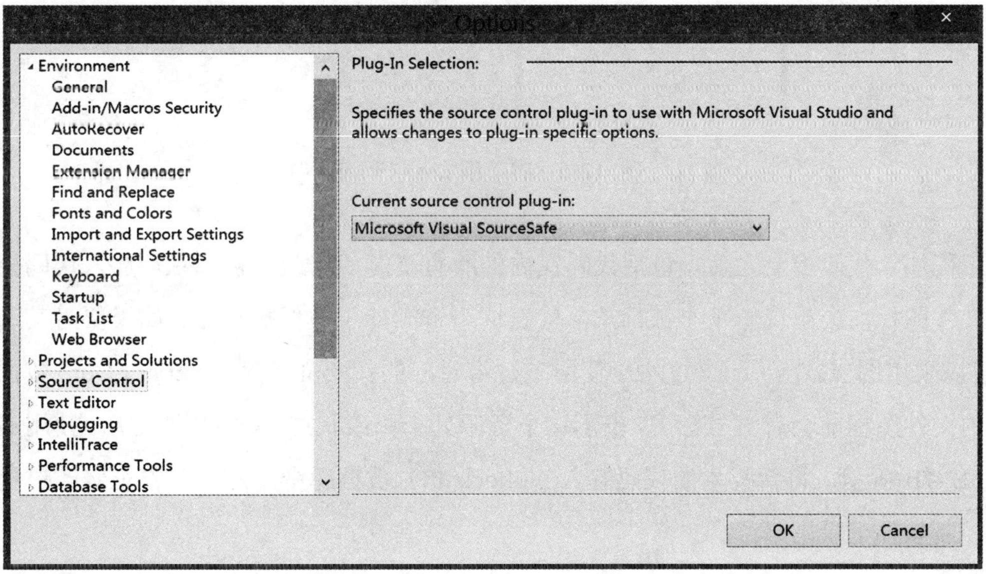

图 12-5　为 VS 设置代码控制插件

将 VSS 添加为 VS 代码控制插件后，直接在工程视图窗口中的工程上点击右键，在调出的菜单中选择“Add Solution to Source Control”，可以将工程中的所有资源加入代码控制插件所指定的软件中进行管理，如图 12-6 所示。

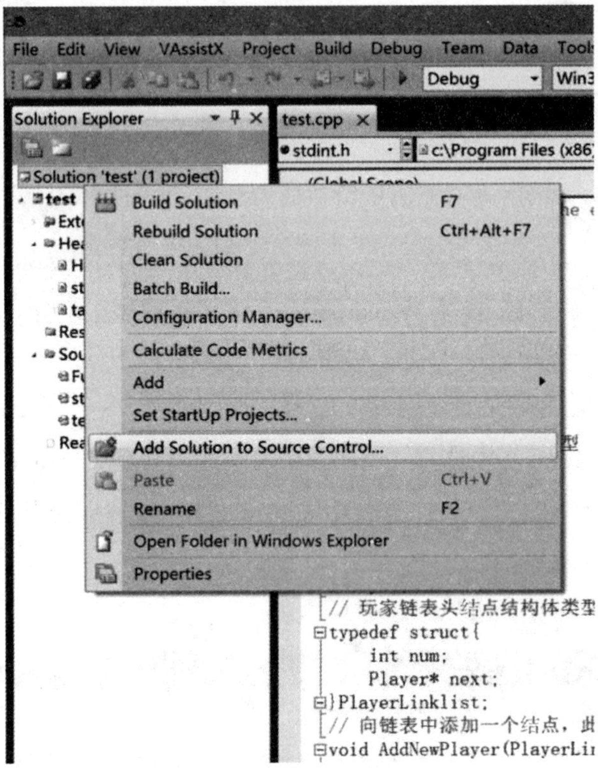

图 12-6 将工程加入代码控制中

工程加入代码控制之后，包括代码在内的所有资源的修改将被记录。加入代码控制的资源文件图标前会出现一个小锁标志，代表这个资源处于被保护状态。如果要对其进行修改，可以采用图 12-7a 所示的方法，使用右键将对应的代码文件签出（Check Out）数据库。签出的文件图标前会有对号标志，表示这个资源处于修改状态。修改完毕之后，使用右键，如图 12-7b 所示，将新版本的代码签入（Check In）数据库中。这样，整个修改过程就被代码控制软件记录下来了。

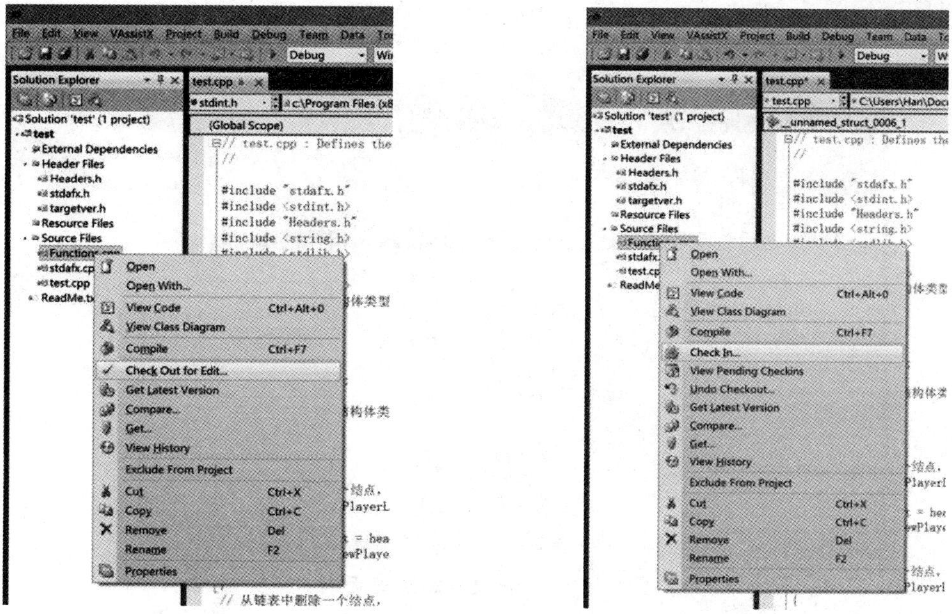

a 代码签出　　　　　b 代码签入

图 12-7 将代码签出数据库进行修改，之后签入存档

在纳入代码控制的文件上点击右键，选择“Compare”，可以比较文件不同版本的差异。如图 12-8 所示，文件的修改痕迹在比较窗口中一目了然。

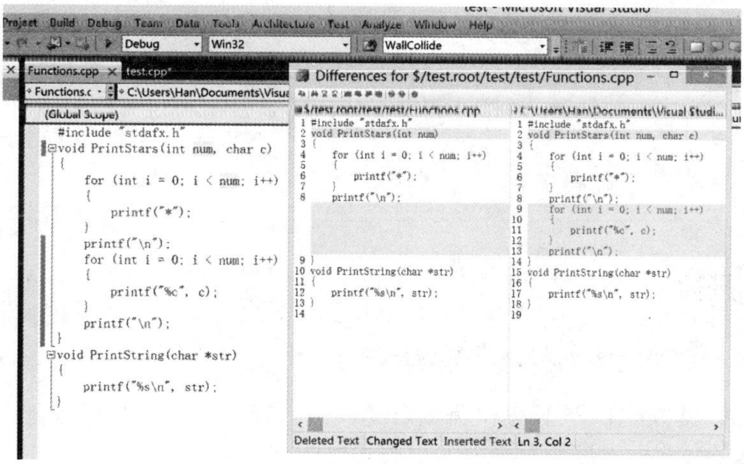

图 12-8 比较不同版本之间的差异

此外，还可以在右键调出的菜单中选择“View History”选项，得到如图 12-9 所示的历史版本管理窗口。在这个窗口中，可以查看所有修改记录，并比较不同版本之间的差异。

可以将不合理的修改丢弃，回溯到某个正常版本中。

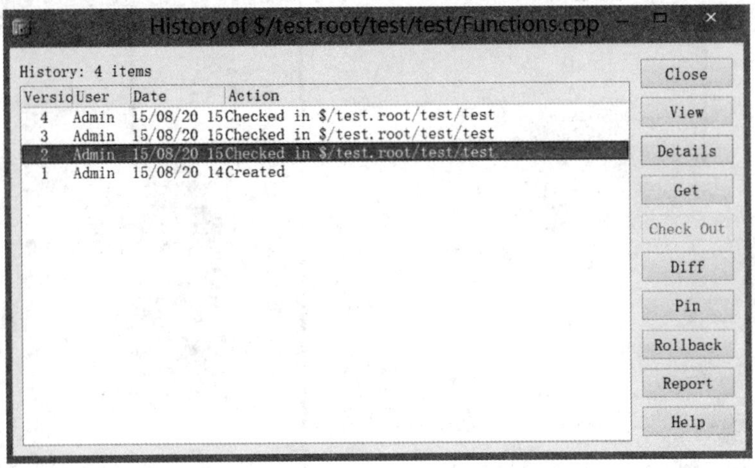

图 12-9　管理文件的历史版本

在互联网时代，出现了更多新的代码控制方式，它们拥有更强大、更便捷的功能，使程序开发过程管理变得更加科学有效。随着云概念的普及，代码控制服务器也可以放在云端，不同的开发者可以实现分布式协同工作，即使只有一个开发者也可以随时随地进行程序开发。比如微软用于替代 VSS 的 Team Foundation Server 系统①，它是可供团队共享代码、跟踪工作情况和交付软件的企业级服务器。此外还有开源的版本控制系统 Subversion（简称 SVN）②，以及构建于其上的拥有友好界面的客户端软件——TortoiseSVN③等。

这些新出现的代码控制软件虽然在操作方式上有所区别，但一般都支持对修改进行记录，对不同版本进行比较等功能。读者可以选择一种代码控制方式，将自己编写的工程纳入代码控制中，体会一下代码控制对管理软件开发过程的便利性。

12.8　小蜜蜂游戏

本章介绍的程序调试技巧和编程规范具有极高的实用价值，希望读者可以在编程实践中勤加练习，养成良好的程序编写和调试习惯。接下来，介绍一个游戏开发案例，据此说明在游戏程序编写过程中需要注意的问题。

---

① https://www.visualstudio.com/zh-cn/products/tfs-overview-vs.

② https://subversion.apache.org/.

③ http://tortoisesvn.net/.

为了快速构建游戏原型，我们在第 9 章中给出的简化版坦克大战游戏基础上进行小蜜蜂游戏的构建。游戏运行画面如图 12-10 所示，从图中可以看出，游戏画面和坦克大战游戏类似，但游戏逻辑已经变成小蜜蜂游戏的样子了。由于小蜜蜂游戏是在坦克大战游戏工程的基础上修改而来的，为了保证修改过程的可控性，我们利用上一小节介绍的代码控制方式对工程进行管理，每修改一定量的功能并测试通过以后，就立刻将新版本签入。

坦克大战游戏实现了游戏的基础功能，包括游戏循环、游戏物体管理和游戏的交互逻辑等。这些基础功能的实现，提高了小蜜蜂游戏的开发效率。然而，由于该游戏和坦克大战游戏毕竟存在一定的差异，如果不小心的话，很容易在改写过程中出现 bug。

接下来，从游戏初始化、操作方式、敌人智能和游戏绘制这 4 个方面说明本游戏如何在坦克大战游戏基础上进行二次开发，以及可能会遇到的问题及调试技巧。

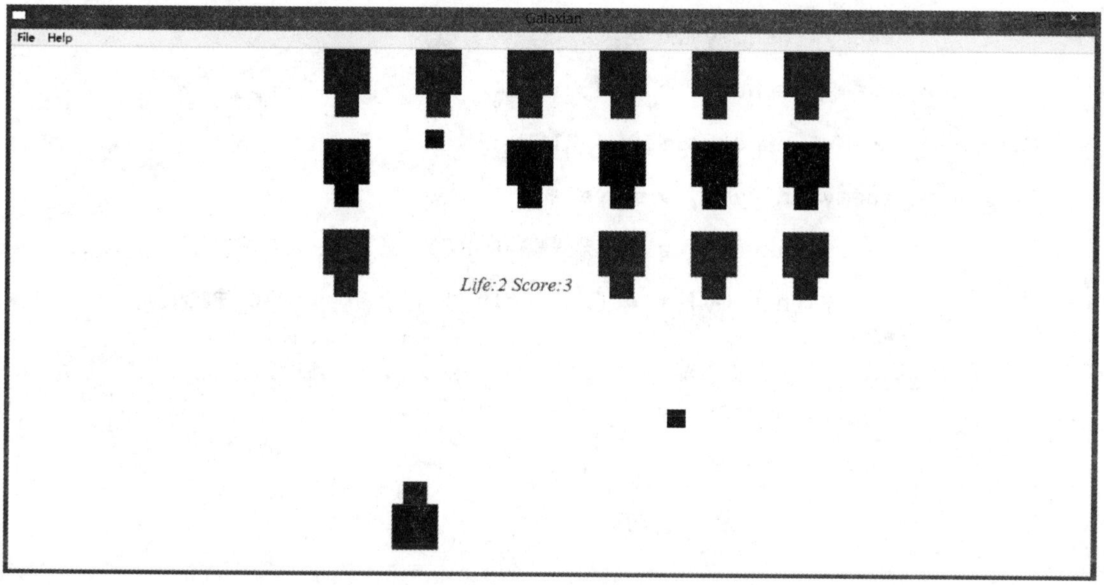

图 12-10　小蜜蜂游戏运行画面

12.8.1　游戏初始化

和坦克大战游戏不同的是，本游戏中的敌人都处于游戏画面的上半部分，且不会自由移动。而玩家角色则出现在游戏画面底部，且只能左右移动。游戏初始化仍然在程序的 `Init` 函数中完成，这个函数修改以后的形式如下：

```
// 游戏初始化
void Init()
{
    int line = 3;
    nEnemy = 0;
    for (int i = 0; i < line; i++)
    {
        int count = 0;
        for(; count < MAX_ENEMY/line; nEnemy++, count++)
        {
            enemys[nEnemy].s = sz;
            enemys[nEnemy].b = 0;
            enemys[nEnemy].e = 1;
            enemys[nEnemy].dir = RIGHT;
            enemys[nEnemy].v = vels;
            enemys[nEnemy].c = i%2==0?RGB(0,122,122):RGB(0,60,30);
            enemys[nEnemy].x = (wndWidth-sz)/2 - sz*MAX_ENEMY/line +
2*count*sz;
            enemys[nEnemy].y = sz/2 + 2*i*sz;
            enemys[nEnemy].p = 0;
        }
    }
    ResetPlayer();
}
```

该函数的主要功能是将所有敌人的位置平均分配到屏幕上半部分的 3 行中，每行敌人居中平均分布。而在坦克大战游戏中，敌人是被随机分布到屏幕的 3 个生成点上的。在修改过程中容易出现的问题是没有很好地理清敌人位置的分配规律，导致敌人没有按照预期进行平均分布。此外，修改后的循环代码比以前多一层嵌套，如果对内层循环控制不合理也容易出现问题。

12.8.2　操作方式

由于坦克大战游戏已经具备了比较完备的 4 个方向控制的操作方式，而小蜜蜂游戏只有左、右两个方向的移动控制，所以可以很方便地在坦克大战游戏的基础上实现小蜜蜂游戏的控制需求。和坦克大战游戏不同的是，该游戏只有在玩家按下左、右方向键的时候角色才移动，松开按键则移动停止。游戏对玩家角色的控制主要是在消息处理函数中完成的，实现这些控制的代码如下：

```
case WM_KEYDOWN:          // 玩家按下键盘按键
    {
        InvalidateRect(hWnd, NULL, TRUE);
        switch (wParam) // 依据玩家输入的信息调整玩家角色状态
        {
        case VK_LEFT:
            player.dir = LEFT;
            player.p = 0;
            break;
        case VK_RIGHT:
            player.dir = RIGHT;
            player.p = 0;
            break;
        case VK_SPACE:  // 射击
            bFire = 1;;
            break;
        }
        break;
    }
case WM_KEYUP:
    InvalidateRect(hWnd, NULL, TRUE);
    switch (wParam)
    {
        case VK_LEFT:
```

```
            case VK_RIGHT:
                player.p = 1;
                break;
        }
        break;
```

和坦克大战游戏相同的是，当玩家按下空格键时，玩家操纵的小蜜蜂会发射炮弹，敌人也会随机发射炮弹；不同的是，小蜜蜂游戏中玩家角色发射的炮弹永远是向上的，而敌人发射的炮弹永远是向下的，和角色的朝向无关。修改后的炮弹发射函数如下：

```
// 特定实体进行射击
void Fire(const Entity* ent)
{
    // 判断是敌人还是玩家发射炮弹
    Entity *pBulletes = (ent->e)?enemyBullets:bullets;
    int nB = (ent->e)?nEnemyBullet:nBullet;
    if (nB >= MAX_BULLETS)
        return;
    (pBulletes+nB)->s = szb;
    (pBulletes+nB)->b = 1;
    (pBulletes+nB)->e = 0;
    // 敌人发出的炮弹和玩家发出的不一样
    (pBulletes+nB)->c = (ent->e)?RGB(0,0,255):RGB(255,0,0);
    (pBulletes+nB)->dir = ent->e?DOWN:UP; // 敌人炮弹向下，否则炮弹向上
    (pBulletes+nB)->v = velb;
    (pBulletes+nB)->x = ent->x;
    (pBulletes+nB)->p = 0;
    (pBulletes+nB)->y = ent->y;
    switch((pBulletes+nB)->dir)// 炮弹生成的位置调整
    {
    case UP:
        (pBulletes+nB)->y -= ent->s;
```

```
        break;
    case DOWN:
        (pBulletes+nB)->y += ent->s;
        break;
    case LEFT:
        (pBulletes+nB)->x -= ent->s;
        break;
    case RIGHT:
        (pBulletes+nB)->x += ent->s;
        break;
    }
    if (ent->e)
        nEnemyBullet++;
    else
        nBullet++;
}
```

在利用坦克大战游戏代码实现炮弹发射功能时，要注意小蜜蜂游戏炮弹只有上、下两个方向，和角色的运动方向无关。此外，在调整炮弹的生成位置时，也需要注意按照炮弹的朝向而非角色的运动方向来生成炮弹位置。

12.8.3　敌人智能

小蜜蜂游戏中的敌人运动智能比坦克大战游戏中的简单：后者在游戏更新阶段有一定的概率改变运动方向；而前者只需要在一定的时间后向相反方向运动即可，在运动方向改变上并无随机性。而在敌人发射炮弹上，仍旧采用坦克大战游戏中的随机发射炮弹策略。

程序中增加一个定时器，每一秒触发一次，调用改变敌人运动方向的函数，将所有敌人转向，该函数实现如下：

```
// 将所有敌人转向
void ChangeEnemyDir(Entity *ents)
{
    for (int i = 0; i < nEnemy; i++)
```

```
        ents[i].dir = ents[i].dir==LEFT?RIGHT:LEFT;
    }
```

12.8.4 游戏绘制

游戏绘制阶段对坦克大战游戏的代码修改得并不多，因为小蜜蜂游戏基本上沿用了坦克大战游戏的绘制代码。唯一需要注意的是游戏中的角色绘制，坦克大战游戏中在坦克的运动朝向上绘制了一个小突起，表示坦克的炮筒。而在小蜜蜂游戏中，敌人角色永远朝向屏幕下方，玩家角色永远朝向屏幕上方，炮筒位置是固定的，和角色运动方向无关。经过少量修改的实体绘制函数如下：

```
// 绘制参数指定的游戏实体
void DrawEntity(HDC hdc, const Entity *ent)
{
    HBRUSH brush;
    brush = CreateSolidBrush(ent->c); // 按照实体指定的颜色创建笔刷
    RECT rc;                          // 实体长方形
    rc.top = ent->y-ent->s/2;
    rc.left = ent->x-ent->s/2;
    rc.bottom = ent->y+ent->s/2;
    rc.right = ent->x+ent->s/2;
    FillRect(hdc, &rc, brush);      // 绘制实体主体
    if (!ent->b)    // 如果这个实体不是炮弹,则依据角色类型绘制炮筒
    {
        if (ent->e)
        {
            rc.top = rc.bottom;
            rc.bottom = rc.bottom + ent->s/2;
            rc.left = rc.left + ent->s/4;
            rc.right = rc.right - ent->s/4;
        }
        else
```

```
        {
            rc.bottom = rc.top;
            rc.top = rc.bottom - ent->s/2;
            rc.left = rc.left + ent->s/4;
            rc.right = rc.right - ent->s/4;

        }
        FillRect(hdc, &rc, brush);
    }
    DeleteObject(brush);                    // 将使用完的笔刷删除
}
```

12.9　小结

本章在介绍程序编译链接流程的基础上，分析了程序从编写到执行过程中可能出现的问题，讨论了一些必要的调试技巧，并介绍了软件开发过程中代码控制的方法。经验是提高游戏开发能力的一个重要因素，本章强调通过大量编程实践积累开发经验的重要性。在学习阶段的实践开发过程中不要怕出现错误或者 bug，它们反而会成为我们积累开发经验的宝贵财富。不断解决问题，积累经验，一方面可以避免在后续的开发过程中犯类似的错误；另一方面，当程序出现问题时，也可以通过自己的经验，依据问题症状，快速定位并解决问题。

本章最后介绍了如何在坦克大战游戏基础上开发小蜜蜂游戏。在实际的项目开发过程中，编码并不一定非要从零开始。程序员或多或少地都会使用别人编写的代码和库等资源，然后有针对性地进行修改，满足自己个性化的开发需要。在这种情况下，由于对所使用的代码实现并不一定能完全掌控，因此在改写的时候，要特别注意可能出现的问题，尽可能做好标记和单元测试。

上机练习题

请读者从以下几方面对小蜜蜂游戏进行改进：

1.在工程中使用代码控制软件；

2.实现更加复杂的敌人智能，在红白机版本的游戏中，敌人可能随机飞离队伍，向玩家投弹，这需要用到更加复杂的敌人运动控制策略，比如曲线运动；

3.目前版本的敌人类型是一样的，请读者尝试实现多种类型的敌人，比如有些敌人有更多的血量，有些敌人炮弹发射得更频繁等；

4.完善计分系统；

5.添加玩家发射子弹的冷却时间；

6.添加图片、音效，以及UI界面来提升游戏体验效果。

后 记

我专门翻看了一下电脑中的文件记录，本书第一个文档的创建日期是2013年3月5日。抛开写作前期需要不断自省来坚定动笔信念所耽误的时间，这本书真正动笔也在2013年年中了。这样算下来，这本书的写作超过两年。

考虑到严重的拖延症和每次开始撰写前所需的“沐浴更衣”等准备环节，再加上日常的教学、写论文、审稿等占用的时间，真正用于本书写作的时间大概有10个月。

人一生的工作时间也就大约30多年，约360个月。拿其中的三十六分之一来完成一件事，不可谓不用心。

举凡历代大贤，对出书立著都十分慎重，盖因彼时“文章千古事”的创作态度。进入新时代，自媒体横行天下，我等凡人也能有诸多机会敲出几句心得体会，有机会将自己平时在教学实践中的一点经验分享出来，借此忝居编者行列，实在应该感谢这个时代。

本书介绍的C语言是在多年的计算机程序设计发展过程中，赢得程序员广泛认可的计算机语言。本书借鉴了对C语言发展作出重要贡献的诸多专家的著作，包括克尼汉（Brian W.Kernighan）和里奇（Dennis M.Ritchie）的大作 *The C Programming Language*、金(K. N. King)所著的优秀著作 *C Programming: A Modern Approach*、普拉塔(Stephen Prata)编写的 *C Primer Plus*，以及国内C语言教学专家及先驱谭浩强、严蔚敏、吴伟民、裘宗燕等老师们的C语言著作。除此之外，本书也参考了一些网络公共资源，如黑兹尔(Steven Hazel)创作的用于模拟各种语言编译环境的codepad网站[①]、介绍了大量游戏编程相关代码的gfxguru网站[②]、介绍了关于Win32编程的functionx网站[③]、theForger的Win32教

① http://codepad.org/.

② http://gfxguru.org/.

③ http://www.functionx.com/win32/.

程[①]、EasyX 图像库[②]，以及 C 语言中文网[③]等。

我要借此机会表达我的感激之情。感谢中国传媒大学，她为我提供了自由的创作氛围及良好的工作环境，使我能够集中精力进行本书的撰写。感谢中国传媒大学游戏设计技术专业的本科生蔡韵、郑思作、王凌潇、王怡人和王阳参与了书稿审校，并由蔡韵同学作了全书二次审校；感谢游戏设计艺术专业本科生林炳君参与了书中部分游戏的美术创作。感谢中国传媒大学出版社为本书的出版提供的专业协作，感谢编辑老师张笛和赵欣的辛勤付出。我还要感谢我的父母，他们为我洗衣、做饭、带孩子，使我全无后顾之忧，可以专心工作。也要感谢我的妻子和女儿，她们为我枯燥的生活增添了不少靓丽的色彩。最后，郑重感谢有生以来我遇到的所有人：生命终将逝去，而这种相遇的缘分，会变为彼此记忆的交融，必将伴随这段文字成为永恒。

掩卷沉思，庆幸一天天板凳坐穿的付出并没有白费。看着十几章文稿，特写下这首诗聊作纪念，并与各位读者共勉，题目就叫《晚读》吧。

夜阑人散浮华褪，一盏孤灯卷在怀。
灯影绰绰云雾漫，诗书句句似仙来。
太白金樽邀明月，放翁铁马戍轮台。
先贤神交复何求，文章千古惹人爱。

韩红雷
于中国传媒大学动画与数字艺术学院
2015 年 7 月 23 日

① http://winprog.org/tutorial/.

② http://www.easyx.cn/.

③ http://c.biancheng.net/.

图书在版编目(CIP)数据

游戏开发程序设计基础/韩红雷编. ——北京:中国传媒大学出版社,2016.7
(游戏设计专业“十二五”规划教材)

ISBN 978-7-5657-1668-3

Ⅰ.①游…　Ⅱ.①韩…　Ⅲ.①游戏程序—C 语言—程序设计
Ⅳ.①TP311.5

中国版本图书馆 CIP 数据核字（2016）第 060145 号

游戏开发程序设计基础

Youxi Kaifa Chengxu Sheji Jichu

编　　者　韩红雷
责任编辑　张　笛
装帧设计指导　吴学夫　杨　蕾　郭开鹤　吴　颖
设计总监　杨　蕾
装帧设计　徐　源　刘欣怡
责任印制　阳金洲
出　版　人　王巧林

出版发行　中国传媒大学出版社
社　　址　北京市朝阳区定福庄东街 1 号　邮编:100024
电　　话　86—10—65450528　65450532　传真:65779405
网　　址　http://www.cucp.com.cn
经　　销　全国新华书店

印　　刷　北京泽宇印刷有限公司
开　　本　787mm×1092mm　1/16
印　　张　15.5
版　　次　2016 年 7 月第 1 版　　2016 年 7 月第 1 次印刷

书　　号　ISBN 978-7-5657-1668-3/TP・1668　　定　价　49.00 元(附光盘)

致力专业核心教材建设　提升学科与学校影响力

中国传媒大学出版社陆续推出

我校 15 个专业“十二五”规划教材约 160 种

播音与主持艺术专业（10 种）

广播电视编导专业（电视编辑方向）（11 种）

广播电视编导专业（文艺编导方向）（10 种）

广播电视新闻专业（11 种）

广播电视工程专业（9 种）

广告学专业（12 种）

摄影专业（11 种）

录音艺术专业（12 种）

动画专业（10 种）

数字媒体艺术专业（12 种）

游戏设计专业（10 种）

网络与新媒体专业（12 种）

网络工程专业（11 种）

信息安全专业（10 种）

文化产业管理专业（10 种）

传媒人书店（For IOS）　传媒人书店（For Android）　微博关注我们　微信关注我们　访问我们的主页

本书更多相关资源可从中国传媒大学出版社网站下载
网址：http://www.cucp.com.cn
责任编辑：张笛　　　意见反馈及投稿邮箱：2086280010@qq.com
联系电话：010-65783654